U0605727

谨以此书献给对生活感到困惑和迷茫的人

你所谓的不如意，正是缺乏这样的思考

He pingge zhu

何平鸽 ◎ 著

中国文联出版社
http://www.clapnet.cn

图书在版编目（CIP）数据

你所谓的不如意，正是缺乏这样的思考/何平鸽著 . —北京：
中国文联出版社，2016.7 （2024.8重印）

ISBN 978-7-5190-1621-0

Ⅰ . ①你… Ⅱ . ①何… Ⅲ . ①人生哲学—通俗读物
Ⅳ . ① B821-49

中国版本图书馆 CIP 数据核字 (2016) 第 133143 号

你所谓的不如意，正是缺乏这样的思考

著　　者：何平鸽	
出 版 人：朱　庆	
终 审 人：金　文	复审人：王　军
责任编辑：郭　锋	责任校对：王洪强
封面设计：凤凰树文化	责任印制：陈　晨

出版发行　中国文联出版社

地　　址　北京市朝阳区农展馆南里 10 号，100125

电　　话　010-85923033（咨询）85923000（编务）85923020（邮购）

传　　真　010-85923000（总编室）　010-85923020（发行部）

网　　址　http://www.clapnet.cn　　http://www.claplus.cn

E-mail：clap@clapnet.cn　　guof@clapnet.cn

印　　刷　三河市宏顺兴印刷有限公司

装　　订　三河市宏顺兴印刷有限公司

法律顾问　北京天驰君泰律师事务所徐波律师

本书如有破损、缺页、装订错误，请与本社联系调换

开　　本：700×1000	1/16
字　　数：161 千字	印　张：10.5
版　　次：2016 年 8 月第 1 版	印　次：2024 年 8 月第 3 次印刷
书　　号：ISBN 978-7-5190-1621-0	
定　　价：38.00 元	

版权所有　翻印必究

自　序

　　2016年的1月，上班的第一天，坐在办公桌前突然萌生写篇文章的冲动，写完觉得不能孤芳自赏，遂投给了一个杂志社，很快得到反馈：可以发表。遂很快产生了写本书的冲动。

　　《你所谓的不如意，正是缺乏这样的思考》这本书是由发生在我身边的小故事组成，主要写的是年轻人在成长的道路上可能会遇到的问题和困惑，更多的是写给对生活和爱情感到困惑和迷茫的人，希望我的一些观点能给他们带去慰藉和快乐。

　　列宁说过："真理只要向前一步，哪怕是一小步，就会成为谬误。"可见真理都是在一定范围内，一定限度内的。如果超出了一定的范围，一定的限度，就会成为谬误。请在阅读我的这本书时不要进行过度的推理，以至于进入谬论区域。

何平鸽

目录 CONTENTS

关于生活

关于爱情

关于生活

家庭教育，不只是钱的事

　　我有一个朋友叫小雪，我们是大学上下铺的同学，她家里有一个姐姐，父母是农民。我之所以要介绍这个背景，是为了引出下面的故事。

　　大学毕业以后，我和小雪留在了同一个城市工作，彼此之间的关系一直不错，后来又都有了男朋友，经常4个人一起叫上几个共同的朋友出去玩。有一次，我们选择去相邻的城市过周末。小雪和她男朋友先到了预定的城市，我就让小雪的男朋友先帮我订了酒店房间。我到了之后，大家一起去唱歌。唱歌期间，我要把房钱给小雪的男朋友，可是她男朋友硬是没有要。第二天出去逛街，恰巧小雪想买个小物件但忘记带钱了，我就随手帮她付了，也就几十块钱。

　　过完周末，回到自己的城市，小雪打电话给我，刚开始有些支支吾吾，倒也说清了想法，意思是要把买东西的钱给我。我觉得她太客气了，推脱不要。但是小雪很坚持，我很不解，后来才明白她的意思：她把小物件的钱给我，让我把房钱给她。她说："这不是我男朋友的意思，是我的意思，唱歌的时候，他肯定不好意思要你的钱，我觉得他就是太穷大方了，最主要的是他这个月的花费已经超支了……"

　　听完，我就明白了，多多少少心里有些不舒服。但又揣测她这么做的理由是什么，是因为她从小家里条件不好，受到父母过于节俭的影响吗？

我见过她的父母，是很老实的农民，过日子总是精打细算。而我和她做同学的这几年，她也经常为了几块钱和同学争执，宿舍关系处理得很不好。如果真的是因为从小到大所受的有些拮据的家庭环境的影响，那也可以理解她的行为。但家庭教育真的是钱的问题吗？

"我要和他分手了。"当听到这句话的时候我很想问妍为什么，因为在我眼里她的男朋友属于年轻有为型，国外留学8年，有自己的公司，有车有房，人也踏实，不花心。为什么要选择分开呢？

妍一本正经地说："这不是钱的事，这是两个人在一起观念的冲突。他是有钱但是却很抠门，记得去年冬天有一次我说想去买顶帽子，也没说让他掏钱，他第一反应竟然是'买帽子干什么，你头冷吗？冬天快要过去了，买了也是浪费'。还有就是，他有些客户是靠他爸的关系介绍的，我说如果业务谈成了，你该请客户吃个饭，他却表现出一副很不理解的表情，嚷嚷为什么要请他吃饭，凭的是我爸的关系，又没求他……"

听到这里我突然很想笑，觉得妍说的事情很有趣。但对妍提出的抠门这个问题也很好奇，为什么他并不缺钱但却又很小气？

我问妍："他家里条件怎么样？""挺好啊，爸爸是个小干部，妈妈是公务员。"听起来不是生活拮据的家庭，但为什么也存在类似的问题。后来了解到虽然他爸妈都是小领导，但是为人死板，生活中很少有人际关系的走动。

总有人把家庭教育归为钱的一类，认为只要有钱就可以让自己的孩子上最好的学校，受到最好的教育，所以大家都拼命努力，为了让孩子吃上进口奶粉，为了让孩子的视野更广阔，不惜一切送孩子出国读书。结果又怎样，出国读书的人因为故意伤害同校学生被判处有期徒刑；有钱的富二代会拿着父母的钱在社会上吸毒、嫖娼。社会这面大镜子会暴露出你所有的问题。

我们为人处世的方式方法虽然是在社会中磨炼出来的，但从小到大父母为人处世的方式也会给我们留下潜移默化的影响。我们在生活中不自然地模仿着自己的父母，模仿他们的言行举止，穿着谈吐。

父母交际圆滑的，孩子多半左右逢源；父母性格孤僻的，孩子多半沉默少言；父母自私的，孩子定不会大方到哪儿去。这跟家里有没有钱其实没有必然的联系。父母的生活细节会对孩子产生很深的影响。

　　举个很简单的例子，我的父母是一对很平凡的人，我爸爸非常喜欢吸烟，我妈妈对此非常反感，遂跟我爸"约法三章"：第一，原则上在家不许吸烟；第二，如果实在想吸烟得去楼道走廊里吸；第三，如上述条件不允许，也可在卫生间里吸，但必须将门关闭，并打开排气扇。刚开始我爸爸很不习惯，经常忘记这三个约定，但在我妈妈一次又一次的"谆谆教诲"之下终于养成了"吸烟的良好习惯"。这一幕自小在我心里留下了深深的烙印，导致我在20多岁时也会要求我的男朋友这么做，刚开始我男朋友也会像我爸爸一样"拼命地反抗"。但在我模仿妈妈的"招式"下，他最终也加入了我爸爸行列。现在经常可以看见两人结伴站在楼道走廊里吸烟，或者一人一个小板凳坐在卫生间里吸烟。

　　可能我并没有像我妈妈那样对烟特别敏感，只是我从小就是见到爸爸是在卫生间里吸烟的，所以我会潜意识地认为男人在家如果要吸烟的话就应该去卫生间，我也不知道这样做是对还是错，但是从小的耳濡目染让我对此行为进行了潜移默化的模仿。

　　我的家庭并不是很富裕，爸爸妈妈是很普通的工薪阶级，但他们却很会为人处世，逢年过节都会送一些小礼物给自己的亲朋好友。这并不是为了"巴结"别人，也不是"有求于人"，就是很简单的人际关系走动。他们每次出差旅游回来都会给身边的朋友带小物件，让身边的朋友觉得自己受到了重视；他们就算没钱也会在过年的时候请家里的亲朋好友美美地吃上一顿，以此巩固亲戚之间的情谊。

　　在这些小细节的影响下，我也慢慢学会了处理人际关系：我也学会了出差的时候要买点当地的特产送给亲朋好友；也学会了时不时要搞个同学聚会巩固同学间的感情；也学会了在我表姐生小孩的时候及时送去祝福和礼物；更懂得了逢年过节的时候要给我的准婆婆买礼品……就是这样的一些小举措让我的亲朋好友都非常喜欢与我交往，也让我的生活和工作开展得很顺利，日子过得很舒心。

再比如说，我妈妈很喜欢养花，家里的阳台上摆满了花，绿油油的一片煞是好看。在妈妈的影响下，我也爱上了养花，没事儿就去花卉市场转一转，买几盆漂亮的花带回家。在装修结婚新房的时候，我也按照妈妈家的风格在阳台上做了个架子，专门用于养花。

再回到小雪的故事上，小雪虽然在花钱上面比较"精明"，但是为人却非常勤快，每次我约小雪到家里做客，小雪都会主动要求去厨房帮我的忙，甚至于饭后还帮我洗碗、收拾碟筷。我问她："你去别人家做客，都会这么勤快吗？"小雪回答得很干脆："是的，因为我从小受我妈的影响，每次我妈去别人家做客都会主动要求干活，有时也会叫我一起帮忙。时间久了也就养成了习惯，自己都觉得去别人家做客时勤快点比较好。"

我估计小雪在小的时候并不能明白为什么妈妈去别人家做客还要干活，也不理解为什么妈妈还要叫自己一起干，只是一味地听妈妈的话罢了，可是她却在不知不觉中养成了勤快的良好习惯。因此，我特别喜欢邀请小雪来家里做客，因为她来家里我从未感觉到累。

家庭教育不是用钱就能解决的。不是有钱的人就一定能教育出完美的孩子，也不是穷人家的孩子就注定一事无成。钱只是能让孩子享受到更好的生活、更好的学校、更好的物质，它只是个工具，而真正能够影响一个人成长的是生活的理念。

我男朋友的家庭是普通的工薪阶级，但妈妈是个很讲究的人，家里的每件衣服都会拿熨斗熨一遍，家里的地板永远都是一尘不染。我男朋友的妈妈初中的时候就开始给他买国际品牌香水，导致班里的人都叫我男朋友"香水班长"。其实他们家并没有很多钱，只是生活的追求和普通的家庭不一样，他们家是注重生活细节、有良好生活理念的家庭。举个例子：家里买了一箱苹果，里面有几个烂的，很多家庭会选择将烂的先吃掉，然后再吃好的。这样的做法会导致，苹果会随着时间的推移一点点再腐烂，所以你吃的苹果永远都是坏的，而我男朋友的妈妈会选择先吃好的，将好的吃完，再吃坏的。所以他们家会一直都在吃一箱苹果中较好的苹果。

我男朋友在这样的家庭中长大，以至于成年后的他也会仔细地熨烫自己的衣服，也会习惯性地吃好苹果，我相信他以后养的孩子也会喜欢喷香水，喜欢熨衬衫……

其实按照现在的人均收入计算，大家的收入水平都是差不多的，但为什么还是有的人过得好有的人过得不好呢？最主要的还是家庭观念的不同，而非收入的不同。

即便有些人家很有钱，养出来的孩子也不一定非常懂事和有教养，因为家庭教育和父母的言行举止有很大的关系，父母的一言一行都会成为孩子模仿的目标，这些做人的道理并不是通过钱就能全部摆平的。

萧道成是一个富裕家庭出身的孩子，父母早年做生意积攒了一笔财富，所以萧道成从小就没有为钱的事情发愁过。本科毕业后的萧道成参加了工作，在工作中，萧道成很努力，也很勤奋，是不可多得的人才。但是他有一点非常让女人厌恶，就是爱动手打女人，生活中随意一件小事都会成为他打女人的原因，这点让和他交往过的所有女人都非常憎恶。

萧道成并不是一个没有文化，不懂法律的人。相反，他本科学的是法律专业。那为什么如此一个家境殷实的人却总喜欢家庭暴力？通过后期的了解我们发现，萧道成的爸爸对萧道成的妈妈经常实施家庭暴力，导致萧道成从小是在一个妈妈总被打的氛围下长大的，以至于在他眼中，女人被男人打是很正常的事情，也就导致了长大后的萧道成也会动手打女人。

父母是孩子最好的老师，孩子在无形的模仿父母的一切，包括性格、人生观、价值观和思维方式。如果作为父母的你眼里都是阳光，你孩子眼里的世界也将充满了色彩；如果作为父母的你认为世上一切的事情可以用钱解决，那你也不要指望你的孩子能够真诚待人；如果你对待朋友，对待父母的态度极为恶劣，那你孩子的人际关系也不会好到哪儿去。

最后说上一句：想要你的孩子成为怎样的人，请先让自己成为那样的人。

女孩，你需要什么

　　我有个叫扬子的女同学，高中的时候就很爱臭美，整日在课堂上拿着时尚美容杂志翻个没完没了。话题也总是围绕着哪个男明星爱上了哪个女明星；班里谁长得漂亮谁长得丑；班里谁喜欢谁谁不喜欢谁……

　　高中毕业后，扬子上了大专，有了更多的时间来谈恋爱、逛街、买东西。扬子最喜欢干的事情就是逛街、换男朋友、八卦……

　　每个寒假、暑假见到扬子，聊得最多的也只是：王某某和李某某在一起了；张某某和刘某某分手了；吕某某整容了或者是班里的哪个女孩人丑多作怪，与她发生争吵这类无营养的话题。

　　总之扬子能看上眼的人很少，多半都是说这个女孩胖，那个女孩丑……

　　毕业以后，扬子挑剔的毛病有增无减，以至于换了好几个工作都干得不长久。后来，扬子就一直作为待业青年在家做"啃老族"。她凭借着自身的美貌找到了一个矮胖的男朋友。男孩是我们高中的同学，个子很矮，而且有点丑，但是在花钱方面对扬子很大方，很舍得为扬子买东西。他会时不时地买个钻戒或者LV的包包作为小礼物送给扬子，也会动不动带着扬子去别的城市购物，美其名曰：换种心情。

　　扬子和他恋爱的细节，我不甚清楚，但是我知道扬子自此再也没有出去工作过，面对邻居大妈大爷的询问，扬子会拿网上的段子朝他们大吼："我吃着你家大米了？你有什么资格来管我。"这还是稍微客气一点的回答，背地里，扬子经常在我面前说："你看我们邻居家那些穷家女，一个个长得土肥圆，出去卖命的工作一个月连个包都买不起。还有脸对我指指点点的……"

扬子的价值观，我不做评价，因为每个人都有自己选择的权利，我无权干涉他人的人生，但是在我看来，扬子再这样下去终归有一天会被男朋友所抛弃，我为什么说得这么肯定。那是因为我见过类似故事的结局。

大丹是我小学最好的朋友，我们属于无话不谈，天天腻在一起的朋友。从学前班到小学我们的关系都非常好，直到初中我离开了母校，我和大丹才没有天天见面，但由于我们住在一个院子里，时不时地还是会一起玩耍。

我在新学校里认识了几个异性的好朋友，有一个男孩叫大头。我和大头的关系很好，自然而然地就将大头介绍给大丹认识，谁知道我这一无心的介绍，竟让他俩以恋人的身份走在了一起。

当时我们只有15岁，对爱情没有什么更深的理解，但也分得清喜欢和不喜欢。大丹每天写着爱情日记，幻想着两人能够在未来的日子里结婚生子，相伴走完一生。大丹在与大头谈恋爱以后就沦陷在爱情里难以自拔，不再看书，不再学习，只是想着和大头去哪里玩，去哪里吃。大头好似在爱情里没有陷得很深，该学就学。

中考，大头考进了我们市里最好的高中，大丹却进入了中专开始学习护理。但是两人的感情并没有因此而受到影响，两人照样每天见面，形影不离。

大丹的学校很自由，经常休息，但是大丹依旧不喜学习，整日在大头的学校门口等他放学。就这样，他们甜蜜地走完了高中三年。毕业后的大丹工作了，去医院当了护士。大头考上了大学，去了成都。

大丹对待工作的心态始终属于：只要我不犯错就行了。她从不想着升职加薪，因为她把自己所有的心思都用到了大头身上，无时无刻不抱着手机在和大头聊天，以至于工作两年只有一个好朋友，没有任何社交。

有一年暑假，大头放假回来找大丹。在两人相处的假期里，大头意外地让大丹怀了孕。刚开始两人并不知道怀孕这一事情，直到大头上学离开后，大丹才发现自己怀孕了，赶忙告诉大头。但是大头已经开始正式地上课，不能请假回来。万般无奈之下，大丹只好拉着我去了医院，由于当时没钱，大丹做了个有痛人流。

直到现在，我都清楚地记得大丹从手术室出来时苍白的脸孔，也清楚地记得主刀医生看着躺在病床上只有19岁的大丹所露出的嫌弃和鄙夷的表情。

当时大丹流着眼泪发短信告诉大头："我亲手杀死了我们的孩子。"发完这条信息，虚弱的大丹把脸埋进了我的肩膀失声大哭。看着如此伤心的大丹，我在心里骂了大头一万遍，在我看来，上课不能请假根本不能成为大头不来陪伴大丹的理由。

在一个女人最脆弱，最痛苦的时候，作为她最爱的人却不能陪在她身边，况且这件事的始作俑者本来就是大头。这种不负责任的男人让我深感气愤，以至于我在大丹面前对大头一顿咒骂和数落。但是即使到了这个地步，善良的大丹也还是站在大头的立场上替他说话："主要是大头太忙了，走不开。大头心里也很难受的，你别说他了。"

大丹回家后不敢告诉父母自己流产的事情，也不敢向单位任何人吐露这件事情，只能向单位请了病假，告诉爸妈自己身体不舒服，要卧床休息。粗心的爸妈竟也没有发现女儿的异常，只是以为女儿身体不舒服，还细心地为女儿准备乌鸡汤补身体。

我不知道大头有没有内疚感，但是我知道大丹做这一切是心甘情愿的。

这件事成了两人心中永远的痛，两人都不愿意再提起。大头也保证，这辈子会好好爱大丹，用一生来补偿大丹。本以为，大丹为大头付出了这么多，大头应该会在毕业后娶大丹为妻子，照顾她，爱护她，对她负责。

但生活就是没有剧本的连续剧。大头毕业后，回到了自己的家乡，很快地找到了工作，然后迅速地向大丹提出了分手，理由很简单：我爸妈不同意，觉得我们学历差得太远了。

无论大丹怎么挽留，大头都没有回头。从那以后，大头再也没有接过大丹的电话，无论大丹怎么去敲大头家的门，大头家的门从未开过。

所有的人都说大头狠心。没有人指责大丹。

但是，孤掌难鸣。学法学的人都知道："我们不可能真正地还原一个案例的真相。因为所有的案件事实，都是已经过去的事实，而法官作为第三人只能根据事后的证据进行推断，由于人类理性的有限，如此得出的法律事实只能尽可能接近客观事实，而无法等于。"

　　我们都是凭借着只言片语的证据来推断当时的事实，很容易以小见大。所以我不想评论大头的做法有无错对，我只想说说大丹做法欠妥之处。

　　扬子注定被男朋友甩的原因其实很简单，就是没有自理能力。她不能独立地养活自己，需要依靠他人生活。这类女孩在爱情里往往没有自主的权利，甚至与社会脱轨，无法融入真正的社会，只能生活在自己的小圈子里面，一个人精彩地活着。

　　久而久之，扬子的男朋友会厌烦，会觉得自己就像养了个永远长不大的孩子，得为她买衣服，买化妆品，还要给她做饭，陪她玩耍。刚开始男孩对此还是有着新鲜感的，但时间一长，新鲜感慢慢地消耗完，剩下的就只能是不耐烦和"我凭什么要养着你"的心态。

　　大丹被分手是因为什么呢？她有自己的工作和收入，在经济上也不依赖大头，还宽容，甚至于流产这样的事情都一个人默默地承受了。我们会说，大丹真的好可怜。

　　其实，大丹是在爱情里迷失了自我，以至于脱离了自己的生活。说实话，自从大丹与大头谈恋爱以后，我就很少能和大丹在一起玩了，因为一有时间她就会去找大头，我也不能总去做"电灯泡"，即使好不容易和大丹能够单独地在一起逛街，那也是因为大头有事无法约大丹。并且大丹与我在一起聊的话题永远都是关于大头的。时间长了，也就听烦了，也就不想去找她了。

　　我曾劝过大丹，不要为了大头放弃学习，也不要为了大头放弃了自己的朋友圈和生活圈，不能整日围着他转，要不然有一天他离开你，你就会感觉天都塌下来了。大丹不听，觉得我是危言耸听，我再说下去，她就觉得我是在诅咒他俩一定会分手。时间长了，我也就什么都不说了。

时间长了，我也就忘记我还有这个朋友了。

大丹在爱情里付出得太多，就连自己的生活都给付出了。大丹为了爱情，放弃了自己的生活、朋友，以至于离开大头的她每日的生活都无法自理。习惯了身边有大头陪伴的大丹，现在已经无法再一个人吃饭、逛街、看电影。虽然她在经济上很独立，但是感情却无法独立。

真正幸福的爱情是彼此独立地相处。我说的彼此独立不是像朋友一样的独立，而是在有自己的生活、朋友、社交的基础上去谈恋爱。为了恋爱放弃自己的所有，让人听着感觉很伟大，其实是愚昧。你一味地围绕着对方，你考虑过对方的感受吗？时间长了，对方同样会感到厌烦，他会觉得你像个跟屁虫，一点儿都不独立，他会觉得和你在一起没有了自由，很受约束，想做点什么都不能单独地去做，都得向你汇报，感觉很压抑。

同样的，你也会因此而失去朋友，失去自己的生活。直到有一天对方和你提出了分手，你才恍然大悟地认识到：自己除了他，一无所有。

但是，此时的你也只能大喊一声："我为他付出了这么多，可他却如此冷酷，如此狠心，如此……"最后得出一个结论："男人没一个好东西。"

其实，这都是你自己造成的。

扬子是经济不能独立，大丹是感情不能独立。那女孩们，你们需要做到怎样的独立？

一个女孩，想在社会上立足，想在社会上找个疼爱自己的男孩，首先你要让自己"发光"。所谓的"发光"是要让别人看到你身上的闪光点，觉得你很有吸引力，对你很动心。

"发光点"有很多，最重要的是外貌。人与人接触的第一感觉是凭借着对这个人的容颜外貌、穿着打扮来决定的，第二感觉才是谈吐和性格。所以一个女孩必须要在外表上"包装"自己，让自己"发光"。无论你是否美丽，你都要每日画上淡淡的妆，穿着合体、合年龄、合场合的衣服，如果你实在没有这类的经验，建议你买一些"女性穿衣打扮、如何做个优雅的女人"等等相关的书看看。

谈吐方面也是需要多加锻炼的，幽默的语言，活泼的性格，乐观的心态都可以给你加分，让你"发光"。相反，忧郁的表情、爱抱怨的性格、悲观的心态都会给你减分，让你从"万人迷"变成"万人嫌"。

其次，你要有收入，能够独立地养活自己。我说的"养活"，是指吃喝不发愁。如果不想当女强人，就没必要要求自己买车买房，但是无论如何，你都需要有一份收入能让自己吃饱穿暖，能让自己有能力买想要的包包和喜欢的香水。不要一想到逛街就开始翻手机看看哪个男人可以去给你做提款机。这样的女人永远活在别人的脚下，没有自己的人格和地位。

毕竟，经济基础决定上层建筑，一切的追求和地位都来源于经济。只有当你的经济独立的时候，你才能独立地享有人格和地位。

第三，你要有自己的朋友，有自己的生活圈。你不能一谈恋爱就变成了"失踪人口"。恋爱是让你的生活更加有趣，更加快乐，而非让你的生活变得更加狭隘。如果你有了男朋友就忘记了朋友，那么终究有一天你会变成孤家寡人。

无论以后的你是否成立了家庭，是否有了孩子，你都不能忘记自己的爸爸妈妈，不能忘记曾经的闺蜜和最好的朋友。也不能因为谈恋爱就放弃了自己的爱好和兴趣，其实说不定你的男朋友就是因为你的爱好才喜欢上你的。一旦你放弃了自己的一切，你就变得不再像当初他所认识的你。

为何很多人都在感慨：要是人生若只如初见该多好，这说明他爱的是当初第一眼看到的你，而不是目前这个一味地放弃自己生活的你。

第四，作为一个女孩，光有美丽的外表和优雅的身段也是不够的，你还要有独立的思想和学识。一个缺乏独立思索能力和学识的女孩，即使再漂亮也只是一个美丽的花瓶，只能端坐在云端却无任何的实用价值。而一个事业成功的男人虽然可以找到很多漂亮的女人，但绝不会随意地娶她们回家，因为成功人士也喜欢有学识和知识的女孩，这样才能与其顺利地沟通，而不是一开口就是说着买包包，买鞋子，买化妆品。

一个具有独立思维方式和高学历的女孩总是能够让人眼前一亮。

最后，我想说：女孩，无论你贫穷还是富贵，无论你美丽还是善良，你都值得拥有一份美好的爱情和美好的生活。千万不要因为钱就出卖自己的身体，千万不要未婚先孕，千万不要去做违法和违背道德的事情，千万不要自卑，不要觉得自己家境不好、没有人脉关系、没有魅力、没有漂亮的容颜就不敢去追求自己想要的生活。只有当你认为自己美丽的时候，别人才能感受到你的美丽，如果你自己都觉得自己是块抹布，谁还会把你当作丝绸呢？

　　网上有一句话我认为说得很有意思，现在我写给你，希望你能快乐：如果你想遇到王子，就要让自己活得像个公主；如果你想遇到国王，就要让自己活得像个女王；鲜花招来的永远是蝴蝶，狗屎招来的才是蝇虫。花若盛开，蝴蝶自来；人若精彩，好运自来。

让你感到不舍的只是你的付出

前一篇讲了大丹和大头的故事，其实没有说完。

大丹和大头分手后很伤心，很难从失恋的阴影中走出来，无论大丹做什么，眼中都有大头的影子。俗话说的睹物思人、触景生情好似都是为大丹造的词。

大丹分手后的那一年，每夜买醉，因为她忍受不了黑夜的寂寞，多少个夜晚酒后的她忍不住给大头打电话想听听大头的声音，但都被大头无情地挂断了电话。

朋友都在劝大丹，告诉她：还年轻，想开点，天下好男人多的是……但是大丹就是想不开，看不上，听不进去。

朋友们也陆陆续续地给大丹介绍了几个对象，可是无论介绍个高的还是个矮的，大丹都看不上，好不容易最后看上了一个，接触下来，大丹还是一句："比不上大头。"其实那个男孩比大头的条件好很多。我们都明白，并不是这个男孩比不上大头，而是大丹心里有个坎，她自己过不去。

朋友们让我去劝劝大丹。我就如同一个领了命的将士一样，拎了两瓶酒就去了。敲开大丹家的门，大丹一眼就看见了我手里拎的两瓶酒，迅速地把我请进门，系上围裙，走进厨房，随便弄了两个菜，便跟我坐在桌边，聊了起来。

我们住的这个北方的小城市冬天异常的冷，窗外自入冬以来便是白茫茫的一片，再无其他颜色。大丹两杯酒下肚，便褪去了外套，开始撸起袖子向我诉说："何平鸽你说，为什么？为什么大头要和我分手？我对他不好吗？"

"既然已经分了，就别再想这个问题了。要知道，男人心狠起来是很可怕的，你再也无法感动一个不爱你的人了，所以真的没必要作践自己，即使你每夜折磨自己，他也不会有一丝丝的愧疚感，更不会因此而回头。到时候，你不仅仅是心里受伤，身体受到的伤害更大。"

"但是，我不甘心啊。我们明明那么相爱。"

"你不甘心什么？"

"不甘心他这么好的人却陪在了别人的身旁，为其他的女人遮风挡雨。"

"你错了。"

"我错什么了，我哪儿错了？"很显然，大丹喝多了，嗓门也高了好几个分贝。

"你错在你刚刚说的那句话：'不甘心他这么好的人却陪在了别人的身旁，为别的女人遮风挡雨。'大丹，你现在所难过的其实不是因为你不甘心大头会和别的女人在一起，你是为爱上这么个没心没肺的人不甘心，你是为你的青春如此荒废了而不甘心，你是为你这么多年的付出而感到不甘心。"

大丹没有说话，只是低头喝酒，见她不语，我便接着说："大丹，你想想你和大头在一起这么多年他为你付出了多少，你又为他付出了多少。"

大丹不语，只是开始流泪。我搂着她的肩膀接着说："大丹，该醒了。其实你没有那么的爱他，你爱着的只不过是17岁那年深爱着大头的你而已，你只是在为自己的青春感到不值得，在为自己的付出却没能得到回报而感到难过而已。其实，你真的没多么爱他，你只是在为过去那个傻傻的自己感到不平而已。"

"可是，我忘不掉他。"

"老话说'时间是最好的解药'。我向来都很赞同，没有什么东西是忘不掉的，只要你想开始新的生活，就一定能忘掉大头。"

"我该怎么做？"

"买本我的书。"

"滚……"大丹笑着打我。

自从那次喝完酒后，大丹的心态好了很多，开始社交，开始接受那些追求者发出的约会邀请，不再半夜还去拨打大头的电话，也不再每晚失眠，更不会每日买醉。再见到大丹，大丹说了一句话让我很感动，她说："过去住在心里的那个爱着大头的未成年小女孩已经长大了。"

像大丹这样的故事还有很多，我有一个同学叫徐国番，很土的名字，很土的人，但他喜欢我们班里最漂亮的女孩。每天为她占座位，买早餐，雨天送伞，夏天送水。

即使是这样，女孩也不喜欢她。但是徐国番还是坚持不懈地追求了女孩两年，直到去年女孩彻底地拒绝他，他还是不死心。徐国番跟哥们说："我对她这么好，她为什么不喜欢我？她应该喜欢我啊！"

其实，徐国番的不死心不见得就是对女孩的感情，而是这些年他对女孩的付出。他觉得"我付出了就应该有回报，我付出了真心实意，你就应该和我在一起"。但是，爱情里没有什么应该不应该，付出不一定就会有回报。

我还有一个叫李曼的朋友，她是一个对人很热情的人，很喜欢帮别人的忙，但是，她也是一个很麻烦的朋友，为什么说她麻烦，是因为她好像总是有很多的事情需要你的帮忙。

李曼每次都会很爽快地答应别人的请求，帮别人的忙，但是在帮完忙不久后就会反过来请这个人帮她的忙。听起来很赶巧，但做起来却好似是有预谋的。

参加生日聚会也是一样的，李曼总是会很热心地帮别人准备生日礼物，并且会附上一张贺卡写着："祝我最好的朋友生日快乐。"李曼过生日时，她也会邀请那些曾邀请过她的人来参加她的生日聚会，并且会注重他们的礼物是否达标。所谓的达标就是收到的礼物是否和自己送出的生日礼物是一个层次的。

李曼会清楚地记得她请别人吃饭的次数和时间，以便于盘算这些她请过的人有没有回请她。时间长了，再赴她约的人越来越少了。她还不明其因地向我感慨："想交一个好朋友太难了，我对他们这么好，他们却这样对我。"

我不喜欢李曼这样的女孩，总感觉她并不是真心地对你好，她对你好的原因只是想在你的身上得到同样的回报而已，换句话说，她只是想得到与她付出相等同的回报而已。

我以前看到过一篇文章，是柳主任写的，题目叫作《付出感才是谋杀人类感情的首要元凶》，作者有一句话很有意思，在这里做个摘录，文章中说："讨厌那种把交朋友这么真诚的事变成一场赤裸裸的交易，把为朋友做过的事都放在天秤上去秤，一旦发现对方的回报缺斤少两便立刻狗急跳墙，翻脸无情的人。"我感觉李曼就是这样的人。

有时候，你所不舍的东西，可能不是追求不到的那个东西，而是你为追求它所付出的努力。一个东西，它原价5000元，但是不小心摔坏了，修补价格2000元，你会修吗？答案是：会的。因为你已经预先付出了5000元，为了之前的付出你一定会再去掏2000元的修补费。

感情也是同样的道理，你刚开始就投入了100%的真心，但是在相处的过程中你发现，这个男孩犯了错误，不大不小的错误，这时的你会如何抉择，是离开他还是原谅他？其实你会原谅他的，因为这不是对他所犯错误的原谅，而是你觉得如果为了这点小错误就放弃他，相当于放弃了刚开始投入的100%的感情，是非常不值得的。所以，你一定会原谅他。

有时候，让你难以割舍的不是感情，而是你为此段感情所做的付出。你只是对你的付出感到不舍而已。但是如果你一直都抱着付出就一定要有回报的心态来对待生活，你会发现生活往往都在和你开玩笑，因为有些事情付出了也不一定会有回报。

有时候，付出感这种东西真的会给你的心灵戴上枷锁，让你觉得一切都是应该的，或者一切都是不应该的。其实，生活没有什么应该和不应该，全然地爱着一个人，就不要想着回报，即使受伤了也不要后悔，也不要恋恋不舍地不放手，从而导致陷得更深。要知道，我爱你只是爱你，并不是要求你同样地爱我。

梦想和目标

今天是大年三十，按照我们家的习俗，大家是要守夜的，晚上12点，我的妹妹从外省坐火车回到了家，她今年16岁，在省队练跆拳道，打过一些全国性的比赛，虽然没有获得冠军，但在我们这个小城市还是有一点点名气的。省队的要求很严格，除夕不让队员回家，妹妹是偷偷溜回来的，只能待一个晚上就得回去。对于这次省队的安排，妹妹自然是很不满，但是对于能回来和大家过一晚还是感到很开心。

妹妹身高1.79米，不仅是同龄女孩中的大高个儿，也是我们这群大龄女中的大高个儿。她剪了一头很帅气的短发，清秀的脸庞和挺拔的身姿，让我和其他的亲戚都在感慨为什么她不是个男孩子，如果她是个男孩子，应该会有很多女孩喜欢她。我也问过妹妹："你这么帅气的打扮和长相，有没有女孩子喜欢你啊？"

妹妹腼腆地笑了笑说："我们队里有人说过这个问题，说我长得特别像女同性恋，但是我一开口出声她们就说一点儿都不像了。"是的，我妹妹虽然身高长相身材都比较像个帅气的男孩子，但是说话声音却很柔软，像个上海女孩，笑起来的表情也很女孩子气，一脸娇羞。

凌晨3点，我俩躺在一张床上，妹妹突然问我："姐，你最近在干什么？"我带着睡意答道："在律师事务所做律师。"妹妹听完很兴奋地说："姐，你居然在做律师欸，律师是那种脑子很聪明，思维很严谨的人吧？"

"是啊，但是也有风趣幽默的律师，不过可能不像电视剧演的那样都那么帅。"

"姐，你怎么想着去做律师了呢？我记得去年过年的时候，你好像还是在一家公司里面做行政工作吧？"

"是啊，律师这个工作我也是才开始接触的。选择换行业是因为我喜欢律师这个行业啊，我觉得自己很适合这个行业，并且成为一个出色的律师也是我的梦想。"

"那你们律师能挣很多钱吧？"

"挣大钱的律师是挺多的，但是也有不挣钱的律师，像你姐我现在就属于不挣钱的律师。"

"姐，真好欸。感觉律师这个工作好高大上啊。"

"可是，这条路走起来是很辛苦的，要知道，追求自己梦想的人都是很辛苦的。"

"梦想？什么是梦想？"妹妹问我。

当妹妹提出这个问题时，原本有些困意的我顿时就清醒了。同时，我也在感慨：这个00后的妹妹竟然能问出这种略带哲理的问题。想当初我16岁的时候，只是知道一味地读书，和好朋友在背后说着班主任的坏话，根本就不知道世界上还有梦想这种东西，最多只是会彼此间讨论一下高中毕业了以后干什么去。但是交流出的大部分答案都是：不知道。小部分的答案是说上大学，或者去哪儿玩。没有人说过自己的梦想。

当时年少的我并未考虑过未来的生活是怎样的，也没有考虑过自己的梦想是什么，甚至于连梦想本身是什么都说不清楚。我只是一味地想着下课去哪儿吃饭；哪个男孩子长得帅；哪件衣服好看……以至于现在到了二十几岁的年纪才开始考虑自己的梦想是什么？要过怎么样的生活？才会选择放弃了一份收入稳定的行政管理的工作，去选择考研；才会选择放弃一个上市公司，去选择到律师事务所做实习律师。

其实有很多个夜晚，我都在想：2015年做的决定是否正确。

2014年7月，我大学毕业，应聘到一家上市公司的分公司做行政助理，我的领导是一个40岁的优雅女人，在工作中，她会耐心地给我讲解工作流程，事无巨细地将她所有的经验传授给我，甚至于给领导敬酒时该说什么她都会预先告诉我，是个很好的领导。

在工作期间，我的领导给我提供了很多机会，包括主持分公司的跨年晚会，主持总部的年会，也给我争取了很多外出培训的机会，甚至许诺我：三年把我培养为主任。

但是，在工作到近1年的时候，我日渐感到了压抑和迷茫。一到办公室我就莫名的烦躁。我开始思索：为什么我会这样？我到底在追求怎样的生活？最后我发现，我不喜欢这份工作，我不喜欢朝九晚五地坐在办公室里，做着与上个月相同的事情，打着同样的表格，日复一日地做同样的工作。我不想像电脑程序一样重复地做着一个指令。

与此同时，我环顾了一下周围的同事，同事里面2/3都是已婚人士，他们追求安稳，筹划着给自己的孩子找一个怎样的学校。剩下的1/3的年轻人都是和我差不多大的应届毕业生，他们多半是做销售的，对自己的现状很满意。

就在这种纠结中我又工作了几个月，当焦躁最终无法控制的时候，我选择了辞职。是的，很多人不理解，他们觉得这份工作挺稳定的，收入也不错，干吗要离开？我的想法却是：如果让我在这个岗位上干一辈子，我会觉得很无趣，我只想让我的人生变得有意义一点，去做一件我乐意付出所有热情，并以此为事业的事情。

辞职以后，我考了律师资格证，考了研究生。去了律师事务所做了实习律师，也算是律师助理。带我的老师是一个不爱说话的人，他不喜欢事无巨细地告诉你如何去做这件事，而是希望你自己去猜测，自己去琢磨。目前这份工作除了收入不稳定，别的我都很喜欢。

收入成了难为英雄好汉的重要东西。虽然我做了我喜欢的事情，但是收入却大不如前，这样的对比让我不断地在夜晚问自己："你对你当初做的决定感到后悔吗？"问了好多次以后，我的答案出来了："不后悔，即使再让我选择一次，我还会这么选择。因为，成为一个优秀的律师，是我的目标也是我的梦想。"

回到刚刚我和我妹妹谈论的"什么是梦想"的问题上，我想把梦想和目标放在一起说一下。现在，很多电视节目都会问参赛嘉宾一个问题：你的梦想是什么？很多参赛嘉宾会说：我的梦想是能够站在这个舞台上表现自己；我的梦想是能够让父母过上好日子；我的梦想是让更多的人热爱音乐，给大家带来更好听的音乐；我的梦想是挣上大钱……

每个人都有自己的"梦想"，但这些"梦想"听起来更像是一个心愿。梦想真的就是买车、买房，过上好日子吗？我带着疑问去上网搜索了一下"梦想"这个词，我发现网上给出的解释是：梦想，是对未来的一种期望，指在现实想未来的事或是可以达到但必须努力才可以达到的境况。

梦想，是一种让你感到坚持就是幸福的东西。甚至可以视其为一种信仰。

我同样也搜索了一下"目标"：1.射击、攻击或寻求的对象；2.想要达到的境地或标准。

总体来说，和我理解的差不多。对此，我来一一进行阐述。我所理解的梦想，是你每天魂牵梦绕的事情；是为了它，你可以付出所有的事情；是你睡了一觉起来仍然清晰记得的事情。

梦想是你需要不断地付出努力，甚至于有时候付出了努力也不一定能够成功的东西，他不像你去参加一门考试，只要努力了就可能获得好的成绩那么简单，梦想更像是一张蓝图，是由很多细小的部件组成起来的，是一个全面的状态，需要你不断地去画，更需要你不懈的奋斗。

梦想包括理想和目标。目标是最小的单元，只有完成了一个个既定的小目标，你才能去追求你的理想，只有达到了理想才能去谈所谓的梦想，如果你只是每天空洞地去大谈你的梦想，那多半是空想，是幻想。真正的梦想是凭借着一步一步脚踏实地支撑起来的。

就如同国家现在倡导的"中国梦"一样，"中国梦"也不只是喊口号那么简单，"中国梦"是民族的梦，也是每个中国人的梦，为了成就这个梦，中国制定了"一带一路"、"亚投行"、"互利共赢的外交政策"等等一系列方针政策，以此来实现这个伟大的梦想。

国家的梦都不是一纸空想，我们普通人的梦想更不能是只说不做的愿望。如果你有梦想，你就要把它划分为一个个的目标，然后一点点地去实现。比如说，你的梦想是环游世界，那么你现在最缺的就是钱。你就要开始不断地去挣钱，如果你是大学生，你可以利用课余时间做兼职，慢慢地积累钱，然后义无反顾地选择一个喜欢的城市去就是了。

现在市面上有很多关于"穷游"的书，多半都是年轻的学生写的，每次看完书的你是不是热血沸腾，恨不得即刻就来一场说走就走的旅行，但是第二天一觉醒来，摸摸自己的口袋，想起了下个月即将到来的生日和目前的囊中羞涩，随即就放弃了出去穷游的想法，与此同时还自我安慰：等我有钱了我就……

这类想法的结果就是，直到现在你还没走出过这个从小到大一直待着的城市。环游世界的梦想也逐渐随着生活压力的增大而日渐埋在心底，成了永远的遗憾。

2015年和我一起从公司辞职的还有一个女孩叫卢雪然，她是大专学历，毕业后因父母的原因回到了这个生养她的小城市，可是她并不喜欢我们这个五线的小城市，她喜欢大城市，她想做广告设计，但是我们这种小城市，像广告设计这种专业是很难找到工作的。

基于这些想法，她义无反顾地去了北京。前几天我问她："在北京生活得怎么样？"

她说："北京的房租挺高的，上班的地方离我住的地方有点远……"

我接着问她："出去后悔了吗？还回来吗？"

卢雪然很肯定地告诉我："一点也不后悔，我很喜欢这里，我要待在这里，以后在这里买房。"

晶晶也是大学毕业回到家乡，上了一年班后和卢雪然产生了同样的想法，然后义无反顾地去了上海，在韩寒旗下的公司工作。

今年过年回来后我问她："上海好吗？"

答案一样是非常坚定："上海太好了啊。"

我接着问她："房子那么贵，以后要一直在上海吗？"

"也不一定，很可能去苏州买房子，在苏州工作，但是绝对不会回家。"

"为什么？"

"因为大城市能让我学到更多的东西，让我和梦想更加靠近。"

卢雪然和晶晶为什么能如此坚定地要留在大城市？多半是为了梦想，她们为了梦想一直在付出自己的努力，并且从未后悔自己所做的决定。

当你有了梦想的时候，就一定要去为梦想而努力。首先，把梦想分割成一个一个小的目标去逐步实现。其次，不要后悔。在追求梦想的道路上你会碰到很多困难，有物质的，有精神的，但更多的是来自内心的考验。当你日子过得不顺的时候，你肯定会和我一样在深夜里问自己："当年的那个决定，如今的你后悔吗？"如果你迈不过去你心里的坎，你便会放弃你的梦想，一旦你放弃了你的梦想，多年后的某一个夜晚你又会后悔你那晚所做的放弃梦想的决定。所以，不要轻易地去做决定，也不要轻易地去更改你的决定。一旦有了自己的梦想方向，就一定要坚持下来，我相信，坚持下来虽然不容易成功，但是你一定不会后悔。

年轻人，不要做浑浑噩噩过日子的人，不要做咸鱼。人活着是要有梦想和追求的，有些女孩的想法很简单，就想嫁个有钱人，做个家庭主妇。我并不是说做家庭主妇不好，因为家庭主妇也是一项工作，我的意思是说做一个没有梦想的人是很无趣的，你会像16岁的我那样，每天只是在想着吃啥，喝啥，买点啥样的衣服，这样的生活过上几年是可以的，但是过一辈子，那肯定是无趣的，甚至于你老了的时候都没有办法告诉你的孙子，你当年那些令人难忘的回忆和能够让你孙子引以为傲的事情。你希望你的人生平淡得如白开水一样吗？

即使你要做家庭主妇，也要做一个有生活品位的主妇，不能一味地靠着丈夫生活，要有自己的梦想和追求。只有这样，你的丈夫才会更爱你，你的家庭才会越过越有滋味，你的生活才会越来越精彩，你的人生才不会是单调的黑白色。

最后，说一句呼应主题的话，我相信马云创业至今不是全部为了钱，最主要的还是为了梦想，为了能成就一番事业的梦想，为了能让生活更有意义，人生更精彩的梦想。

圈子理论

我今天说的圈子不是微信的朋友圈，是我们人际交往中的圈子。我们的一生中有很多圈子，有朋友圈、同事圈、同学圈……

这些圈子里面的人可谓是鱼龙混杂。

为了能更好地发展，更快地提高自己的业务能力，我们都会将自己的圈子进行分类：有用的圈子和没用的圈子，贸易圈和生活圈……越分越细致。

随着人际圈子的变化，一个理论也就随之产生：要想成为怎样的人，就要进入怎样的圈子。

根据这个理论，很多人都在往高层次的圈子里挤。小老板为了能见到更多的大老板，开始学习打高尔夫，以球会友；年轻人为了能够结交更多的有志之士，开始在每晚下班后请客吃饭，应酬客户；有些父母为了能让自己的孩子进入好的圈子，认识有钱人的孩子，花大钱费心费力地将孩子送到私立学校……

其实这句"要想成为怎样的人，就要进入怎样的圈子"按字面理解是没有什么问题的。毕竟环境影响性格这个理论在很多年前就被证实了。根据这个"环境理论"推导出的"圈子理论"听起来也是很有道理的。

当你的孩子进入了好的贵族学校，肯定会认识一些家庭出身较好的同学；当你开始每周去打高尔夫球的时候，你可能会认识不少爱好打高尔夫的老板；当你每晚下班后请各路朋友吃饭，你身边肯定会聚一帮朋友……

但是，你所在的贵族学校的那帮豪门子弟真的可以给你带来经济效益吗？还是只能教会你吃喝嫖赌抽？你的那些爱好打高尔夫的老板真的就会给你介绍个上千万的生意吗？你下班后常聚的那帮社会精英，在你生活有困难的时候真的会去帮你的忙吗？……

如果你是个草包，就算你挤进了世界排名数一数二的精英圈子，也撑死就是个小跟班，即使你跟随精英的思路挣了些钱，这些精英也不会拿你当朋友看待。因为朋友是平等的关系，只有两人在学识、见解、财力、精神层面上彼此相当的时候，才能成为朋友。

也就是说，如果你只是路边摆地摊的小商小贩，即使你费心费力打着高尔夫去接触那些身价过千万的大老板，那些大老板估计也不会拿你当生意伙伴。但是如果你是个非常有能力的研究生，业务能力很强，当你通过打高尔夫接触到了这些大老板，那估计你被赏识和提拔的可能性会剧增。

换句话说，当你也是一个小有资产的老板，外加有些许能力的时候，你通过打高尔夫认识的那些大老板很有可能会和你成为朋友。但是如果你只是个一无所有、不学无术、整日想着如何快速发大财的人，我估计你就是打上一年的高尔夫也不一定能找到伯乐。毕竟伯乐是在找千里马的。

我在做兼职导游的时候，曾经接待过一个来自北京的团，一共7个人，一个女性，6个男性，平均年龄都在40岁，他们中间有做房地产生意的老板，有做酒店生意的精英，有政府机关的要员，有开唱片公司的商人，还有一个是大学里的博士生导师。

总之，都是有才华和能力的人。他们出去旅游花钱也很大方，不仅吃住都是五星级酒店，到了景点也有当地的县长或者秘书陪同，并且门票全免。

我能给他们做导游，说实话是一件很幸运的事，不仅收入颇丰，与他们同行也觉得很有面子。他们对我也很友善，并没有高人一等的态度。只是，一种无形的压力总是萦绕在我的心头——我和他们走在一起的时候总感到很自卑，总觉得自己在各方面都比不上他们，除了比他们年轻，其他的真的是相差甚远。

但是他们这群人素质都很高，对待我在导游工作中出现的错误都会说："没事没事，年轻人，犯点错是正常的。"

在带团结束后，他们回了北京，我们也互相留了微信。在外人看来，我认识了一圈很有能耐的朋友，其实真相只有我自己清楚，他们并没有把我当朋友，即使加了微信，也是那种永远不说话的朋友。

我和他们又能说什么呢？他们谈的都是往哪里投资？去哪个国家旅游？而我还是一个眼界尚未开阔、思维还有些稚嫩的穷学生。和他们根本不在一个层次上，又怎么可能仅因为一次旅行就能成为真正的朋友呢？

即使，我在心里把他们当作朋友，他们也不一定会把我当朋友。我在他们的圈子里也就是个打杂的小秘书，能给他们带来的无非是工作的便捷，并不能给他们创造价值。无论在收入、能力、学识上都不能和他们同日而语，如此不平等的两个人如何能够成为朋友？

其实"要想成为怎样的人，就要进入怎样的圈子"，这句话是没有错的，只是还有后面半句话："想要进入怎样的圈子，就要先成为怎样的人。"

就像我前面描述的那样，当你是个草包的时候，就算挤进了贵族的圈子，别人也不会把你当回事。如果你只是想进入那个圈子学习点经验，倒也不用再往下看了。如果你想和这个圈子里面的人成为朋友，并且能够和他们有长远的发展，那还得做到后面的半句话："想要进入怎样的圈子，就要先成为怎样的人。"

马云能够和习大大一起去美国进行国事访问，能够成功地挤入世界级别的精英圈，是因为他十年日复一日的努力才达到今天的高度。如果他还是当初的英语老师，怎么可能融入如此大的圈子里。

当你是把金刚钻的时候，你挤进了一个有瓷器活的圈子，那当然大有用武之地了，甚至于很快就能将事业越做越大。

如果你此时已经是研究生毕业，拿到了法律资格证，并且对法律知识很熟悉，那么这时候的你只要能够进入律师这个圈子，通过多年的不懈努力，肯定可以成为一个优秀的律师。但是如果你只是个大专生，没有法律资格证，对法律也是一知半解，那么就算费心费力地进入了律师这个圈子，也不一定能够在多年之内成为一名优秀的律师。

如果你以后想成为一个大学的老师，那你现在就要开始好好学习，考研究生，考博士，不断地增加自己的学识和能力，并且在学习的过程中多和老师接触，了解老师的日常工作，多结交一些共同意向的朋友，这样对你以后的发展有很大的好处。

如果你以后想成为一个优秀的导游，那你现在就要考导游资格证，去旅行社实习，多认识些经验丰富的老导游，多向他们学习取经。融入他们的圈子，学习他们的工作技巧。如此一来，受到圈子的影响，你肯定会成为一个优秀的导游……

总之，圈子、能力都是并列重要的，光有圈子不行，光有能力也不行。

我有一个朋友，现在在保险公司工作，主要负责人寿保险的销售，他的业务能力很强，工作一年就得到了公司领导的嘉奖，业务成绩也在公司里排行前几。问他是如何在这样一个人人讨厌保险的社会里，将保险业务做得如此之好。

他说："有两点，第一点是我妈的帮助，因为我妈是开公司的，她自己就有很多客户，她会把这些客户介绍给我，让我去开发。第二点是我推销保险的方法和我们公司的老员工不一样，我们公司的老员工推销保险的方法是请客喝酒，告诉你这个保险特别好，零风险。结果客户买了，出现了事故来问老员工如何理赔，老员工傻眼了，因为他自己也不知道卖出去的这个保险到底都理赔些什么，以至于赔偿的时候出现了纠纷。最终的结果就是，别人都说卖保险的是骗子。我卖保险也请客吃饭，但是我会首先把我要推销的保险了解清楚，告诉我的客户这个保险有怎样的好处，有怎样的风险，做到真实、专业。让客户自己去评价。这样一来，我的回头顾客也就越来越多了。"

你说我这个卖保险的朋友是如何成功的，无非就是：第一，自己有能力，业务水平过硬；第二，有他妈妈的帮忙，给了他一个"客户圈"。但是最主要的还是自己要有能力，要是自己没有能力，就算给你无数个"客户圈"，你也会成为刚刚故事里说的"老员工"。

圈子理论不仅适用在工作和交友中，同样也适用在爱情中。

在爱情中，我们都希望自己的另一半既优秀又有能力，但是我们却往往忽略了对自己的要求。

夏傲然是个普通的女孩，大专毕业，在一家小公司做职员，夏傲然的父母是普通的农民，姐姐是个护士，姐夫是一个小老板。

夏傲然的父母当初很反对姐姐的婚姻，姐夫虽然较为有钱，但是他的学历很低，工作也不是很体面，但拗不过姐姐的执着，最终也只得同意。

夏傲然的父母因为经历过大女儿的叛逆，遂对夏傲然的爱情要求很严格，希望她能找到一个家庭条件好、学历高、有能力的男孩。

很快，单身的夏傲然找到了男朋友，男孩个子高、有礼貌、脾气好，对夏傲然非常好。但是，男孩的工作却很普通，家境也很一般，完全达不到夏傲然父母的要求。

夏傲然的父母自然是强烈地反对，夏傲然也感到非常惆怅，因为在她的眼里，男孩对她非常好，和他在一起感到很幸福。

夏傲然告诉她的父母："我就是一个很普通的人，既没有非常殷实的家庭背景，也没有很高的学历，工作也很一般，如此平凡的我又怎么能找到高富帅呢？"

我赞同夏傲然的观点。高富帅并不像偶像剧里演的那样，都喜欢灰姑娘。在现实生活中，高富帅往往都喜欢白富美。

我也理解父母们的想法——希望孩子能找到一个非常优秀的另一半。但是这类的父母往往会忽略一个事实：优秀的另一半往往也是希望能和更优秀的人在一起。

最后，我想说："那些希望能钓上金龟婿和白富美的年轻人们，你们实现愿望的唯一办法是：让自己先变得足够优秀。因为，要想遇见怎样的人，请先让自己成为怎样的人。"

理性不等于冷酷

妍总说我是个冷酷、无情的女人。原因是因为我谈的几次恋爱。我真正谈的恋爱有三场，算上追我的，最终没在一起的也有过几场。

第一个男朋友是16岁时认识的，叫付超。那时我上高一，他刚初中毕业，就不上学了。在外面混社会，替别人看赌场，跟着一个大哥，每天手上有着1000元的现金。在我们那个年纪，每天1000元的收入已经算是非常有钱了。付超每天睡到中午起来，和朋友一起打牌，晚上去慢摇吧或者棋牌室，我也不知道他具体每天在干什么，但肯定都是打架斗殴的事情。

当时在学校里上学的我，认为有一个社会上混的男朋友是一件很酷的事情。所以我很喜欢他。

我应该算是付超的初恋，但是在懵懂的年纪里，不懂得爱的两个人在一起，好似彼此伤害的痛苦比幸福的甜蜜更多一些，但青春不就是这样的吗？略带苦涩的微甜往往更加让人回味。

付超对别人很凶，尤其是他在打架的时候。他的朋友里面也有吸食海洛因的人。但是付超对我却很温柔，也从不让我去沾染海洛因等类似的毒品，也不让我跟那些混社会的女孩玩耍，一味地让我好好上学，不要辍学。

付超为了能在社会上更好地立足，遂把自己打扮得很老成，像25岁左右的社会男子。但他实际的年龄也只有16岁，心里还纯洁得像个孩子。整个高中我都和他在一起，即使一起逛街的日子很少，即使一起出游的日子很少，但那也是我的青春。

高三即将面临高考，我开始对付超产生了新的看法。我觉得高考意味着人生新的开始，我很可能考到别的城市，有新的生活。而我和付超很可能也会面临着异地恋。并且，那时候的我将是本科学历，而他只是初中文化，我们的交流也会变得愈加困难。

即使我们能够一直在一起，我的父母也不会同意这段感情，他们实在无法接受我找一个像付超这样16岁就开始混社会的男孩相伴到老。他的朋友圈我也越来越不喜欢，他们每日抽烟、喝酒、赌博的行为在我看来是虚度光阴，我开始越来越讨厌他们那个圈子。

高考前的一个月，我提出了分手，理由很简单：我们没有未来。分手后，不伤心是假的，毕竟是谈了三年的初恋，说出分手的那一刹那，还是会感到心很痛。

他挽留过，但被我简单直接地拒绝了。因为注定没有结果的事情，真的无须执拗的努力。

分手后的无数个夜晚，我都在被窝里偷偷地流眼泪。即使在这期间他也总在给我发短信，打电话，但我依然没有动摇。我知道，既然已经做出了决定，就不能后悔。

如今的我已经大学毕业很多年，从别人的嘴里断断续续听到了一些关于付超的消息：他过得还不错，有车有房有女朋友。我挺为他高兴。但问我是否后悔做出当初与他分手的决定，我会说：没有。

因为即使当初的我坚持与他相恋到现在，期间也会产生很多矛盾。人生观、价值观、事业观的不同会让我们彼此不断地争吵。就比如说他现在还在每天抽烟、喝酒、打麻将，而这些东西早已是我无法容忍的事情了。

刚上大学的时候，由于心里还惦记着付超，我的生活有些阴郁。这时候遇到了一个小胖子，他对我很好，开车带我出去兜风，情人节买花买巧克力送我，动不动请我们宿舍的人吃饭。在他的浪漫攻势下，我和他在一起了。

　　刚在一起的时候，我就知道我并不喜欢小胖子，我只是喜欢他对我的好，希望借助他对我的好来让我忘记付超，忘记过去。小胖子真的对我很好，每周来学校接我出去玩，看到我钱包里没钱了，会悄悄地给我塞钱，会每周带我逛街买衣服、吃好吃的。在一起的那段时间，我的物质生活被照顾得很好。日子也算舒心。

　　本以为这样挺好。但是当我发现，我们每一次的争吵都是以小胖子的一句"我对你这么好，你还有什么理由跟我吵"来作为结束语的时候，我才意识到：我被他的好所束缚了，以至于失去了反抗和说"不"的权利，甚至于没有了自由。

　　我想和朋友单独出去玩，他不让。我不想和他的朋友出去玩，他不让。总之，他喜欢的事情我就可以做，他不喜欢的事情我就不能做，否则他就会说："我对你这么好，你还有什么理由不顺着我。"

　　我不能再这样过着没有决定权的生活了，我不是傀儡，我是个有思想、有抉择权利的人，我渴望自由。所以我义无反顾地选择了分手。小胖子很伤心，周围的朋友很费解，不理解我为什么要和一个这么爱我的人分手。

　　鞋子合不合脚只有自己知道，爱情里的事情只有自己最清楚，如果我因为你的评论而选择迁就的话，到时候哭的就是我。

　　我和付超分手是因为我和他在一起没有未来，我和小胖子分手是因为我没有自由。你可能会觉得我的要求太高，但是爱情中的两个人地位应该是平等的，价值观应该是相同的，只有这样才可以相处得更融洽。

　　爱情合不合适只有自己知道，别人没有发言权。但如果你自己都搞不清楚自己喜欢怎样的人，喜欢怎样的生活状态，喜欢怎样的另一半，那我只能说你在感性地活着而非理性地活着。

　　理性，是清楚地知道自己是怎样的人，追求怎样的生活状态，喜欢怎样的人，而不是糊里糊涂地爱着不该爱的人，做着无谓的努力，还美其名曰"为爱付出"。没有结果的努力是盲目的努力，就像我和付超的爱情，即使我们两个当初勉强地在一起，日后的生活面临的可能也是无尽的争吵；即使我和小胖子勉强地在一起，日后肯定也是我要无休止地谦让着他，包容着他，一旦不顺他的意思，他就会与我发生争吵。

理性，是让你更加明白什么是适合，什么是不适合，也是让你更加清楚自己适合怎样的生活。

我们不能只是凭借着感觉就盲目地付出、盲目地谈恋爱。这种没有意义，没有结果的付出是种不负责任的表现，不仅伤害着你的伴侣，同样也浪费着你的时间。

我承认每个人的价值观是不一样的，男人和女人的价值观和评价标准更是完全不一样。当一对情侣刚子和小乔走在大街上，迎面走来一个漂亮的女人和一个帅气的男人，刚子的第一直觉是盯着这个漂亮的女人看，并且从腿看起，接着看胸，最后看脸，然后得出结论：腿长、腰细、皮肤白。小乔也会第一直觉地看向漂亮女人，顺序和刚子一样，只是得出的结论是：腿粗、没气质、穿着土。随后刚子和小乔再看向那位帅气的男士，刚子看着帅哥得出的评论是：娘娘腔、小白脸。小乔得出的结论可能就是：帅、真帅、超级帅。小乔觉得女孩配不上男孩，刚子觉得是男孩配不上女孩。

这是种正常的心理现象。例子很常见。比如：男人在照镜子的时候会觉得镜子里的自己很帅很迷人，尽管事情的真相是这个男人就是个胖子，而相反，一个身材数一数二的美女在照镜子的时候往往会觉得镜子中的自己腰粗，腿粗，脸大。

男人看待爱情的价值观和女人看待爱情的态度往往也是不一样的，而我在前几段恋爱中所站的立场可能就是男人看待爱情的观点——没有意义，没有结果的付出是种不负责任的表现，不仅伤害着你的伴侣，同样也浪费着你的时间。

在我眼中，前几段感情的结束是因为我的理性。理性让我将错误的爱，爱到底后痛快地放手，理性让我结束那些没有必要开始的爱情。

有些你认为是冷酷的事情在男性的眼里可能就是理性，有些你认为是理性的东西往往在别人的眼里是冷酷。无论别人怎样认为，你必须要弄清楚自己的观点，坚持自己的立场。

但是，理性不等同于冷酷，不要拿着理性的思维和理性的生活方式去伤害别人，不要亲口说出"因为你家太穷，我们门不当户不对，不适合生活在一起"；也不要亲口说出"你太矮了，我要找个子比我高的男生"这类的话，即使你的心里是这样想的，但是言语上也不能无所顾忌地表达出来，因为你的所谓"直接"会给一个善良的人造成巨大的心理伤害。

当你所谓的"理性"变成"在别人刚分手的时候大喊一声，我当初就说你俩不合适，早就该分手了"；在自己分手的时候说出"你配不上我，我们两家门不当户不对"；或者"你腿太粗了，穿短裙太难看了"诸如此类的话时，这就不是理性了，是冷酷，是没有情商的表现。

冷酷是毫不顾忌别人的感受拆穿他人，让他人难堪，让他人下不来台，是没有情商的表现。冷酷是只爱自己，从不考虑他人的感受和幸福，是自私的表现。一个有情商的人应该是让和他在一起的人永远不会感到尴尬和难堪，而是感到温馨和快乐。理性是看待生活的一种态度，是一种情商的表现，它让你生活得更加游刃有余，让周围的人也更加的快乐。

我有个高中同学叫旭子，是个女孩。我一直认为她很聪明，很明白自己所追求的生活状态是怎样的。高中的时候，在大家都忙着恋爱的时候，她没有谈恋爱，而是将更多的精力用在学习上。功夫不负有心人，努力的旭子考上了一所重点大学。

大学的时候，她按着自己的择偶标准和生活理念找了一个志趣相投、门当户对的男孩。这个男孩为人正直，待人和善，勤劳果敢。旭子大学毕业之际，选择了与他结婚，可谓是毕业证、结婚证两证不误。

目前，旭子和他的老公一起去了成都，在家里的帮助下，旭子找了份车管所的工作，老公也在成都的一家公司上了班，去年年底，两人有了自己的宝宝。

相比那些一到毕业季就分手的情侣而言，旭子，是个很明白自己需要什么的女孩。她知道自己需要怎样的生活，会理性地看待爱情和婚姻。这种非盲目的恋爱，虽然听着很有目的性，但是在我看来这是一种理性，是对自己生活负责的理性。

如果你在20多岁还搞不清楚自己是属于哪种类型的人，搞不清楚自己喜欢哪种生活，还在盲目地凭感觉谈着恋爱，抱着"过不下去就分手"的心态过日子。我只能说：你这是对自己极其的不负责任。

　　你现在的感性生活态度，只会让你未来的日子过得更加费神，更加迷茫。你要知道："出来混总是要还的。"如果你现在不能理性地看待生活，还在一段毫无结果可言的感情中难以自拔，那多年以后的你将过得异常艰难。

幸福，在于你拥有了什么

　　现在，无论你是什么身份，什么年纪，什么性别，请你暂时都抛开，此时此刻请你设身处地地站在我的立场上，听我的故事，甚至于幻想自己就是我。

　　我今年26岁，身高166厘米，48公斤。相貌属于甜美型，从小到大虽然追求者没有排成连，但也着实很多。我毕业于一所国家211高校，主修的政治学与行政学，辅修的法律，于2014年考取了法律资格证，后又因为喜欢旅游，考取了导游资格证。我的父母属于工薪收入，爸爸是本科生，行业是工程监理，我们家有两套房子，其中一套是门面。我有一个疼我爱我的男朋友，比我大4岁，样貌干净。我们感情很好，准备今年结婚，婚房男方家已经买好。目前的我刚刚辞去上市公司行政助理的工作，现在一家律师事务所做实习律师，偶尔会带几个旅游团做兼职导游。2015年，因为感到自己的学历不够高，又复习考了研究生……

　　听完我的故事，你是否觉得我是一个一切都一帆风顺的女孩？你觉得我幸福吗？

　　但是，我的故事并没有讲完……

　　我虽然身材体型偏好，但是我的胸却很平，虽然我的长相是甜美型，但是我的脸上却长了痤疮，并且长了好多年，无论怎么医治，都没有好。

虽然我毕业于211高校，但是我们的学校并不是在大城市，而是在西部的一个小城市。虽然我学的是政治学和行政学，但是大学四年说实话我没有好好上过课，虽然已经考取了法律资格证，但是我的法律资格证是C等级，也就意味着只能在新疆、云南、西藏这类边远的城市当律师，执业很受地域的限制。虽然我有导游资格证，偶尔会去带团，但是对此我男朋友却很生气，他很讨厌我去做兼职导游，每次我出团回来我男朋友都会不高兴。我们家是有两套房子，但是两套房子都有房贷，合计数字为20万。我男朋友虽然为了结婚已经买了房子，却是贷款。我们需要还15年的贷款。我目前是在律师事务所做实习律师，但是我跟的那个律师老师很抠门，从不给我发生活费，我的一切收入需要靠自己接案子来挣，所以收入很不稳定。2015年，我是复习考了研究生，但是成绩到现在也没有出来，还不知道能不能考上。

听完我补充的版本，我问你同样的问题：你是否觉得我是一个一切都一帆风顺的女孩？你觉得我幸福吗？

先不要着急回答我，我再给你说说此时我的心理状态。

我是为了追求梦想而转行放弃了以前收入稳定的工作，加入了律师行业。但是在我转行的这一年中，我一同毕业的同学有的已经是上了3年的研究生，有的已经是工作了3年的公务员，有的甚至已经有了一个3岁的pgy宝宝……

相比之下，我好像最不"稳定"，我在别人上了3年研究生的时候开始"幡然悔悟"，开始去考研究生；我在别人已经找到了自己定位的时候，还在忙着给自己找定位，还在揣测自己适合干什么；我在别人都有稳定收入且能够开始买奢侈品的时候，还在靠着信用卡生活着，甚至于我在我的朋友已经去了国外旅游的时候还未离开过这片生我养我的土地……有多少个夜晚，我都在担忧，都在发愁，害怕自己的未来充满黑暗，害怕自己30岁的时候一事无成，害怕自己老了以后老无所依……

听完了我的心理活动，我再问你同样的问题：你是否觉得我是一个一切都一帆风顺的女孩？你觉得我幸福吗？

此时的你，可能多多少少有了评判的标准了吧，或者可能和我一样纠结。我教你一个办法：第一，请你只读文章的第二自然段；第二，请你只读文章的第五自然段；第三，请你只读文章的第八自然段。然后告诉我你读完这三段的感受。

根据我的推测，你读完第二自然段的感受可能会觉得我很幸福，生活很不错，很开心。当你只读第五自然段的时候，你觉得我日子过得磕磕绊绊，不太顺利，但也是个努力的青年。但是当你只读文章第八自然段的时候，你可能会认为我的人生已经算是失败了，并且目前的我已斗志全无，就是个怨天尤人、好高骛远的愤青。

但是，我就是我，一个完整的我，是三个故事构成的整体。但为什么从不同的角度对我会有不同的评价，会产生不同的心态。

那是因为，我们看待幸福的出发点不同。我们从不同的角度看待幸福，就会得出不同的结论。

如果从"我目前拥有了什么"的角度来看待自己的生活，你会觉得日子过得还不错，就像只读文章的第二自然段的感觉是一样的，你觉得自己身体健康，家人健康，有一个还算疼爱自己的男朋友，日子过得还算挺舒心。

但是当你把关注点放在"我目前缺少什么"的角度来看待生活的时候，你会发现日子就如同文章的第五自然段描写的那样：梦想的道路是如此艰辛、坎坷，甚至还会觉得和别人比起来自己很不幸，自己什么都没有，简直是社会底层人民的生活。尤其是在这个信息爆炸的时代，当各种富豪、明星的新闻充斥着我们的生活，你不自觉地会对金钱产生盲目地崇拜，这种崇拜会让你在贫富差距日渐增大的今天慢慢地迷失自己，甚至于为了钱，什么事情都会做，毫无做人的底线可言。

话说到这里，你肯定会在脑海里中盘算着自己拥有什么吧。但是，我还想补充一句话："人不能做井底之蛙，做了井底之蛙的人很容易满足于现状，对于自己的那一片井口大的天空甚是满意，甚至于一点也不想去井外看看。"这样的人是很危险的，因为当你对自己目前所拥有的东西太过于在意，从而不思进取的时候，也就意味着你对即将到来的危机失去了防范，最后就会跟温水中煮的青蛙一样，活活地被安逸烫死。

那该怎么办呢？

哲学告诉我们：凡事要讲究度。

我们确实应该关注于自己拥有了什么，但是这是要在你的心态出现了悲观的时候。比如在你追求梦想的道路上遇到挫折的时候；比如在你对生活极其不满意，极其压抑的时候；比如在你生命的旅程中遇到了很大打击的时候。此时的你，才需要关注自己拥有的是什么，从而及时调节自己的心态，洗个澡睡一觉，明天以完美的心态去应对新的挑战。

如果你的人生才刚开始起步，就太过于关注自己拥有什么的话，这种心态是有弊端的。比如我一个高中玩得很好的朋友，是个女孩。这个女孩大专毕业后找了个工作，但是干了两个月就辞职了，理由是：干得不舒心。

辞职以后的她找到了一个疼爱她的男朋友，这时候女孩觉得自己已经不需要出去工作了，因为她是独生女，有很疼爱她的父母，现在又有了一个很疼爱她的男朋友，三个人挣钱给她花，她根本不需要出去工作。

毕业三年的她一直在家做着待业青年，用着高档化妆品和高档手机，在家打着游戏，逛着淘宝，闲暇的时候吐槽着那些刚步入社会的同龄人，觉得他们命太苦了，自己拥有了太多同龄人没有拥有的东西，觉得幸福极了。

这个女孩的结局目前我还不知道，但是想也可以想到，如果她还按着现在的方式生活下去，只关注自己目前拥有的是什么，自我感觉良好到没办法的话。那10年以后的她和同龄人相比起来，自然而然会成为社会的底层人。

所以，我们的出发点是：不要只关注自己目前所拥有的东西，而是要站在自己"拥有了什么"的立场上，调解自己的心态，从而让自己更加有前行的动力。

不要做井底之蛙、温水中的青蛙，更不要做悲观绝望、怨天尤人的青蛙。不要总抱怨命运对你不公平，也不要总觉得自己一生坎坷。你要知道：即使你没有财富，但是你有健康；即使你没有健康，但是你有爱你的朋友；即使你没有朋友，但是你拥有财富。毕竟，你不可能什么都没有。

在那些黑暗、难以入睡的夜里，当你还在抱怨生活是如此不公平的时候，或者说当你还在为梦想拼搏却有些遍体鳞伤的时候，请想想你目前所拥有的一切，想着想着，你就进入了梦乡……

你要坚信，明天的阳光依旧耀眼。

主动的奋斗，被动的奋斗

考研那时的我，可谓是身心俱疲。刚放弃一份收入颇丰的工作，全职在家学习，每天蓬头垢面，日夜颠倒。身体的痛苦不是最折磨人的，心里的煎熬才是最让人痛苦的。看着身边的人都在朝九晚五地上班，看着同龄人正准备结婚生子，看着操劳的爸妈没能享上自己的福，感觉自己的压力好大，同样也怀疑自己的选择是否有错误。

实在是看不进去书的时候，就约上几个好友一起喝个下午茶，排遣一下内心的苦闷。一起喝茶的有我四个好朋友，妍、伟哥、筷子和南子。

我们五个是高中最好的伙伴，如今却各有各的发展，各有各的人生。当几个年轻人坐在一起的时候聊得最多的无非是工作或者感情。我喜欢听他们讲自己的工作，除了妍、伟哥以外，其他两个皆是抱怨自己的工作不好，说实话，我喜欢听他们的抱怨，这会让我感到原来自己不是最惨的。

南子现在在一家准备上市的医疗公司做销售总监，月薪8000元，对于毕业没多久的我们来说，南子是属于收入较高的类型。但是他不开心，他觉得自己的付出和收入得不到正比。南子扬言："如果过完年再不给我加薪，我就要离职。"

南子觉得收入低，是因为他觉得自己的生活压力大。他认为他现在的收入仍然买不起车，穿不了LV，戴不起劳力士，以至于他不满意目前的生活状态，觉得自己是生活在社会底层的人。

当南子看到公司里别的年轻人开着CRV上班时，当他看着别人每日钱包里现金满满时，他觉得不平衡。他也想要有自己的车，有自己的公司。好在他也不是凭空幻想的人，他也在不断地奋斗，不断地努力，每天的加班已经成为常态，周末也不忘去别的公司跑业务，总之南子对待工作是很卖力的。但是，他不开心，总觉得公司亏欠于他的付出和努力。

南子说完自己的现状后，引起了大家的唏嘘。我们一致认为南子是身在福中不知福，只有筷子给了南子一个坚定的眼神说："我懂你。"

筷子也是一个很优秀很努力的青年，他大学的时候主修的是医学，又上了一个二学位，修的是法律。他在大学毕业前又考取了律师资格证，毕业后去了律所当了实习律师。实习律师收入是很低的，所以筷子很努力，每天在外面找案源，找关系。在实习了半年后，他成了两家保险公司的法律顾问，有自己的案源和客户，有自己的收入。在实习律师的行列里来说筷子是个不可多得的人才，刚实习就能出庭，一点也不怯场。他的师父说，筷子只要好好努力，十年以后一定是个优绩股。

但是，筷子也不开心。筷子的不开心也是因为他感到自己的压力很大。筷子的父母是农民出身，没有退休金，也就意味着他要承担起赡养父母的责任。筷子和南子一样对车和房产生了强烈的渴望，想通过自己的努力在5年之内买上车买上房。所以筷子一直在奋斗，每天都在加班，为了多找几个案源，每晚请客吃饭，就是为了能让自己的生活过得更好，再上一个档次。

南子和筷子碰了一杯，说着"他们不了解你，但是我懂你"的话。妍轻笑了一声开始说话了："我觉得等到40岁我们再坐在一起的时候，或许我会羡慕你们的收入，但你们一定会羡慕我的生活。"南子和筷子都对妍的话嗤之以鼻，因为在他俩眼里，妍是个安稳于现状的人。妍在警校毕业后，就回到了父母所在的城市，在父母的帮助下，进了公安局做了一名内勤，工作很舒适，上一天班休息两天。只是工资有点少，每个月2500元，但是妍也总会利用休息的时间做做微商，卖点东西挣点零花钱。

在筷子和南子的眼中，妍就是不思进取、不奋斗的表现。但是妍对此持以否认态度，她问了南子和筷子一个问题："你们都如此希望能挣上钱，那我问你们，你们到底想挣多少钱？"筷子说30岁的时候年收入每年30万；南子说30岁的时候每年年收入40万。

妍听完接着说："好，我们现在来假设一下，你俩现在都到了30岁，也都拿到了40万。但是你此时身边的圈子变成了精英，他们的收入都在50万以上，你在你们的圈子里仍然是属于收入低的人，但是你们已经达到了自己20岁时定的目标了，我问你们：到时候的你，还会不会只满足于40万的收入，还会不会去往50万的目标上奋斗？"

筷子和南子愣了一下说："会，毕竟第一个目标已经实现了，我们当然要往更高的目标上奋斗。"妍自信地说道："我就知道你们会给出这样的回答。所以根据我的推测，你俩永远都不会对自己的收入有满足感，永远都在与他人或者与自己做对比，希望拥有更多的财富和地位，所以你俩在40岁时候的幸福感一定没有我高。"

南子和筷子不满："好，就算你说的有道理，那我问你：当你喜欢一个东西的时候，却没有钱买，你还会觉得幸福吗？当你的朋友都比你优秀的时候，你会觉得幸福吗？你活在自己的世界里当然觉得幸福了。"

"不是这样的，我的收入是不高，但是当我有想要的东西时，我一定有办法买到，我会通过做点兼职来拿到额外的收入，我坚信，只要努力就一定能挣到钱。每买到一个东西的时候我也会感到很开心，觉得很满足。当我的朋友过得比我好的时候我会为她祝福，但是不会羡慕她，因为我有我自己的生活，有我自己的幸福。我没有只活在自己的世界里，我也有自己的梦想，但我不会像你们那样被动地去奋斗，我会去主动地去奋斗。"

"被动的奋斗？主动的奋斗？什么意思？"

"被动的奋斗就是像你俩现在这样，因为感到自己缺少什么而要去奋斗。当看到别人买车的时候，也觉得自己缺辆车，自己也想要买辆车；当看到别人买了房的时候，觉得自己不能再租房过日子，也必须要快速地买套房。你们是带着负债感去奋斗，你们会觉得自己缺的东西很多，没有房子，没有车，没有钞票，这些都无形地变成了生活中的负债，你们每天一睁开眼就是带着负债去奋斗，就像蜗牛背了个壳在行走，你觉得你们能走得快吗？能幸福吗？而我是主动的奋斗，我从未感到自己是负着债在奋斗，我会觉得自己是为了梦想而奋斗。比如，当我想要买一件3000元的大衣时，我会把自己的工资存下来一部分，然后再去做个兼职挣上一些钱，当钱在逐渐累积的时候，当累积的数额离3000元越来越近的时候，我会感到非常的幸福，是那种离梦想越来越近的幸福感。当我每天一睁眼，只要想到马上就能拥有那件大衣的时候，我就感觉自己充满了挣钱的动力。所以，我们三个同样是在奋斗，在拼搏，但是我们的心态却是不一样的，我是积极地在奋斗，而你们却是消极地在奋斗。在40岁的时候，就算你俩收入比我高很多，也不见得幸福感比我高。"

妍说的这番话，我不知道南子和筷子如何评判，但是我很认同，我认同她的"主动的奋斗和被动的奋斗"这个理论，正当我准备表示赞同的时候，伟哥在我前面发出了赞同的呐喊："好，说得太好了。我和你的观点一致。"

伟哥是一名销售员。他在一家上市公司里销售饲料，工作的第一年，业绩就已经做到了营销部的前三名，月收入上万。领导很看重他，他也很看重自己，伟哥想着：辛苦地干上三年，然后凭借自己的能力买套房。

伟哥说："我的想法和妍是一致的。我和所有的年轻人一样面临着买车、买房、娶妻生子的压力，但是我从未感到过压力。我每天早上醒来，只要一想到今天再跑一个业务就可以突破这个月的销量额的时候，就觉得自己很有动力；当我看到自己的银行存款在一点点上升的时候，看到自己离买车买房的目标逐渐靠近的时候，就觉得非常的开心。我也是主动的奋斗，而不是负着债被动的奋斗。"

每个年轻人都有一颗奋斗的心，都想通过自己的努力完成自己的梦想，但有些人在奋斗的道路上走得很痛苦，有些人却走得很快乐。这是个心态的问题。

同样是奋斗，带着追求和理想的奋斗就是"幸福的奋斗"。"幸福的奋斗"可以给每天的自己带来鼓励，让自己有足够得动力跑得更远更快。当看到自己离目标更近的时候，你会觉得一切的付出都是值得的。但是，当你带着压力和负债去奋斗的时候，你会感到痛苦。每天只要一想到现在的自己一无所有，就会感到无比的压抑，就会觉得生活压力大到让自己喘不过气。时间长了，就算已经有了足够的钱，也不一定能从心里真正的快乐起来。

幸福，并不是钱多钱少来决定的，而是由心态决定的。有些人没钱，但是却活得很幸福：每日打打牌，晒晒太阳，抱抱孩子，照样开开心心地过日子。有些人家财万贯也不一定活得很幸福：每日发愁银行的贷款该如何还，发愁别人欠自己的账什么时候还，担忧自己的脂肪肝和心脏病……

这归根结底还是心态的问题。拥有好的心态，可以让你成长得更快；而消极的心态，只会让你觉得生活是如此的艰辛，道路是如此的坎坷。

为了梦想去奋斗是幸福的奋斗，为了填补所谓的不足（看到别人有车，自己也要有车这类的情况）去奋斗是被动的奋斗。

正在考研的我也是一样的，只要想到自己没有工作，没有收入，周围的人已经结婚生子的时候，我的心就变得很痛苦，觉得自己奋斗得很压抑，压力很大，甚至于觉得选择考研就是个错误的决定。但是只要当我想到自己考上研究生以后就可以去喜欢的城市上学，就可以重返校园学到更多的东西的时候，我突然觉得一切的付出和忍让都是值得的，甚至于身上的动力都会倍增。

年轻人，调整好你的心态，以积极的心态去奋斗吧。

所谓的日子，不是混出来的

　　我刚进入律师行业的第一天，我的师父跟我说了一句话："要想干好律师，不能混。"

　　我想他所谓的"混"，是不努力，怕吃苦，偷懒的意思。

　　对待生活和工作，我坚信的理论向来都是：付出不一定有回报，但不付出肯定没有回报。我的师父就是这样一个为工作付出所有的人，律师行业的人上班时间比较自由，但是我的师父总是所里第一个上班，最后一个下班的人。他好似从未有过周末（暂且不去评论这样做个工作狂人好不好），他对工作的这份热忱，就让我感到钦佩，所以我的师父在我所在的这个小城市小有名气且收入丰厚。

　　我在做实习律师的时候，师父也要求我早出晚归，这么做是想让我多锻炼锻炼。师父说："年轻人，多做事，多吃苦，即可厚积薄发。"

　　实习律师不能向执业律师那样单独出庭，又因为刚入行，很多东西不太懂，所以实习律师是较为清闲的。我们所有两个实习律师，一个女孩叫晓敏，另一个是我的朋友筷子。

　　筷子和我是一个师父带出来的，筷子属于工作非常卖力的类型，师父吩咐的工作他会很快完成，师父没吩咐工作的时候，他就自己跑出去接案子，他想接人身侵权的案子，所以就经常往医院跑，给躺在床上的病人发名片，去保险公司应聘法律顾问，总之每天忙得神龙见首不见尾。师父夸他聪明、能干，坚持10年一定能够成为优绩股。

晓敏属于比较内敛的女孩，不喜与人过多交流，也不喜外出办事，最喜欢坐在办公室里看淘宝或者看电影，她每天上班晚，下班早，甚是清闲。实习8个月，没有接过一个案子，也没有出过一次庭。所里的人暗地里都觉得晓敏并不适合干律师这个行业。

我的师父也在我面前评价过晓敏，说她是个混日子的人，在所里待着也是浪费青春，还不如趁早转行。

在我看来，晓敏转行也不是件容易的事，毕竟单位都喜欢像筷子这样勤快、聪明、积极向上的年轻人。

我有一些大学同学，他们在大四即将毕业的那年都对未来充满了渴望，有着自己的宏大理想和目标。但是毕业一两年后再相遇，问到当初的理想的时候，一个个都直摇头说着："在现在这个单位混着吧，饿不死就行。"不到30岁的年纪说出了这番话，着实让我感到非常吃惊，竟有种与即将退休的人聊天的感觉，虽然我不知道他们在毕业这两年里遇到了什么，但是心态的急剧恶化会让他们逐渐失去对生活的信仰和对梦想的追求。

当他们说出"混着吧"这句话的时候，无论是自谦的心态也好，还是对生活失去了信心也好，周围的人都会产生一种"好好的一个小伙，彻底废了"的感觉。

年轻人，就要干点年轻人该干的事情，追求该追求的梦想，如果你的青春连梦都不做了，还有什么乐趣可言。

对待感情也是一样的。妍的哥哥叫超哥，长相神似韩国一位男明星，非常帅气的一个男孩。超哥是个有故事的人，16岁到25岁之间做过很多疯狂的事情，比如一个人流浪到云南，待了三年差点去做援助交际，好不容易洗心革面回到了家乡，却因为没有一技之长找不到工作，每日狐朋狗友、花天酒地。

有一次，超哥和几个朋友晚上去夜总会玩，朋友怂恿着叫几个"公主"助助兴，让超哥去挑人。超哥去挑人的时候，看见一个长相清纯的女孩戴着和妍一样的"阿拉蕾"帽子，觉得很有亲切感，遂点了这个女孩。

这个女孩叫小美，认识超哥的时候18岁，超哥25岁。两人在那晚的第一次相遇便互相产生了好感，女孩在夜场结束后，和超哥去了酒店。自此，就很自然地联系上了。

和超哥认识以后，小美就不再去夜总会工作了，转行做了网络主播，现在也小有名气。两人磕磕绊绊地谈着恋爱，一谈就是4年。期间，超哥也暗地里找过别的女孩，但都被这个年纪尚轻、经验十足的小美发现。在小美哭天抹泪的大闹后，两人重归于好。

超哥的妈妈是知道小美的存在的，但是她非常不喜欢小美，认为小美没有学历，初中毕业就没上学了；又认为小美是单亲家庭，家庭氛围不好；最重要的是，超哥的妈妈觉得小美没有修养，没有礼貌，路上偶遇了从来不会叫"阿姨好"。总之一句话，超哥的妈妈就是觉得：两家门不当户不对，悬殊太大，坚决反对他们的交往。

相处4年，小美没有正式地见过超哥的父母。超哥今年已经29岁，到了该结婚的年纪，问他怎么处理与小美的事情，超哥说："只要一提分手，小美就寻死觅活的，根本分不掉。"问其以后怎么办，超哥答道："走一步算一步，混着呗。"

超哥的一句"混着呗"，暴露出他对待这份感情是抱着极其不负责任的心态。先不管小美的出身到底如何，但是，一个女孩在最美的年纪遇到了你，并把最美的时光交给了你，说明她是爱你的，即使当她知道你的父母极力反对你俩感情的时候，也不曾要跟你分手，说明她是真心实意地想跟你过一辈子，而你一句"走一步算一步"却极大地伤害了这段感情。说出这句话只能说明在你的心里，小美根本不重要，你根本没有考虑过你俩的未来，甚至于说你的未来有没有她都无所谓。

小美，是个可怜的姑娘，倾尽一生爱着一个男人，换来的却是没有承诺的未来和不负责任的相伴。

我们不能马马虎虎地对待工作和感情，不能抱着混日子的心态走一步算一步。英国大文豪莎士比亚说过："一切不以结婚为目的的恋爱都是耍流氓。"超哥这种没有未来的爱是不负责任的爱，耽误了自己也害了小美，甚至于让父母天天跟着烦心。

日子，不能混，有梦想就要去追逐，即使前途很渺茫，也不能气馁。爱情，不能混，有心爱的姑娘就要去保护，不能让她受一点伤害。生活，不能混，要多姿多彩地过好每一天，不能上班坐等下班，下班坐等上班……

上大学的那四年里，我也产生过混日子的心态。大学总是一段很快乐、很幸福的时光，没有高考的压力，没有课业的烦恼，还有一群玩得来的好室友，相对无言都不曾感到尴尬的相伴让日子在平稳中一点点逝去。再谈一段恋爱，牵手在校园漫步，去看场爱情电影，总是如此的甜蜜。

做学生的时候，虽然没有固定的收入，但是父母给的生活费也是足够的充裕。如果想买部好手机，只要出去做个兼职就够了。日子过得也算自在。

但是，人在温暖的怀抱中总是容易忘记危机的存在，越是自在的生活越容易让人迷失自己。时间久了，人也就懒惰了。不愿再去听无聊的讲座，甚至连论文都是不拖到最后一天是不会交的。

我开始抱着混的心态上大学了。但是周围的学霸好像并没有与我"同流合污"，他们每天坚持着去上自习，风雨无阻；他们每天坚持着去做兼职，不辞艰辛；他们每天参加着学生会活动，乐此不疲……

直到大四的上半学期，我开始着急了。看到曾经的学霸都已经有了自己的择业方向——或是考研或是工作，而我还在迷茫着，不知所措着，我慌了。我开始悔悟：前面三年浑浑噩噩地过日子是多么的可笑和无知。

我开始为自己挂了一门数学而懊悔不已，开始为自己没有资格证懊悔不已，开始失眠，开始暗地里流泪。当我的同学已经可以很轻松地面对毕业的时候，我却还要埋头苦读，我忙着补考数学，忙着写毕业论文，忙着复习司法考试……

毕业以后，由于我延期才能拿上学位证，只得先去找家公司工作，虽然这个工作并不是我喜欢的，但这是我混完四年大学后所必须要接受的结果。对此，我感到低落和失意，所以我又准备抱着混的态度去工作了。

但是，我很快便打消了这个念头，因为，大学的经历告诉我："你现在享的福就是你以后要吃的苦。"如果我在工作中仍然继续混下去，那么终归有一天我是会被公司开除的，毕竟为了赢得效益的公司是不会去养一个闲人的。所以我卖力地工作，尽心尽力地为公司办事，领导吩咐的每一件事我都尽力做到最好。到了年底，公司对我的工作进行了肯定，并对我进行了表彰。这让我感到工作中一切的努力都是值得的。

如今，我已辞职考上了研究生。考研的过程我就不过多叙述了，总之都不是混出来的。

日子就是这样，你付出不一定会有回报，但是你不付出就一定不会有回报。

如果你继续以混的心态来过日子，日子一定会回报给你一个大大的耳光。

时间都去哪儿了

我复习考研的那段时光里，经常会去考研的论坛转转，看看大家是如何调整心态以及如何安排自己的复习时间。有一个学霸的时间安排表让我感到非常可怕，他的一天是这样计划的：

早上6：00起床，6:40开始早自习（背单词或背政治）

早上7：40做英语真题

早上9：40做专业课真题

中午12：30吃中午饭

中午午休两个小时

下午3：00做专业课真题

下午6：30吃晚饭

下午8：00做政治真题

晚上23：00回寝室

晚上00：00休息

这个时间计划表让我觉得很可怕，每天学习将近14个小时。相比之下我的时间表就弱爆了，我的时间表是这样的：

早上9：30起床，10：00开始学习

早上两个小时专业课复习，两个小时英语复习

中午14：00吃饭

下午15：00学习

下午两个小时政治复习，两个小时专业课复习

晚上20：00吃饭

晚上看会儿电视休息一下，01：00睡觉

我每天只能学习8个小时，有时候还学不够8个小时。我很费解那个学霸是如何这么高效地利用时间的，也很费解同样的一天24个小时，我的时间都去哪儿了？难道学霸他每天都不洗澡的吗？

直到有一天，我的一个同学问了我同样的问题："何平鸽，你如今一边在律师事务所做实习律师，一边还考了司法考试和研究生，现在又在写书，你哪儿来的这么多的时间？难道你都不睡觉的吗？"

其实，我也睡觉的，不仅睡觉，我每天还要看上一会儿美剧。问我是如何完成上面那些事的，我只能说按照计划完成的。

我是个喜欢给自己定计划的人，每年的一月份我会给自己定一个"新年计划"。内容大致如下：

2015年新年计划

1月　调整休息，制定全年的收入目标及旅游计划

2月　过年期间将工作计划完成

3月　报名二级建造师考试　报名考研辅导班

　　　报名英语四级考试的辅导班

　　　去江苏探望南子10天　李帅求婚事宜的策划和实施

4月　敦煌旅游3天　复习二级建造师的考试　英语四级考试复习

5月　上考研课程　二级建造师的考试　二姐婚礼的布置及策划

　　　导游证年审学习

6月　毕业证学位证的申领　大姐婚礼的布置及策划　英语四级考试

7月　司法考试资格证资格审查学习
去律师事务所实习（辞去目前行政助理的工作）
8月　何其婚礼的策划及伴娘服务　兼职做导游带团学习
9月　找到一个男朋友　做美容　办护照　学习
10月　学习　十一计划出游
11月　学习
12月　研究生考试　信用卡欠款还清

每完成一件事情，我都会在事情的后面打上√，未完成的事情我会打上×，完成一半的事情我会用别的符号作为标记，提醒我来年一定要把它完成。

年终的时候，我还会做一个总结，看一下今年的任务完成率是多少，是否达标。

其实这些做法都是以前在做行政助理的工作时，我的领导交给我的。她告诉我："作为一个行政人员，每天的工作是很琐碎的，为了防止自己会忘记做某些事，每天下班的时候要把明天需完成的工作做个'日计划表'，以此来提醒自己。并且要把已完成的和未完成的事情进行标注，以此来对自己的工作进行考核。"

现在虽然已经不在那家公司工作了，也不再写"日计划表"了。但是每天早上醒来后，我还是会在床上躺两分钟，问问自己今天都要干些什么，要完成哪些工作，做一个大致的安排。

因为想写一本10万字的书，所以我给自己定的目标就是每天必须写出3000字，风雨无阻；因为想复习考研，所以我给自己制定了每天的复习任务，不看完不吃饭；因为想去做律师，我就多方打听律所的信息，一副誓不罢休的精神……

总之，我做的每件事都是有计划的。我不太赞同网上那些"一场说走就走的旅行""随性地想做什么就做什么""年轻就要随性"的观点。可能随性的生活会很自由，也很舒适。但是没有计划的随性，会打乱你日后的生活节奏。

说走就走的旅行后，你要面对的是空空如也的钱包和早已辞去的工作，这些烦恼的到来会让当初出游的喜悦顿时荡然无存；"随性地想做什么就做什么"的背后是等到年老的时候，你会感到年轻的时候只是在一味地追求所谓的自由，却一事无成。

小学的时候学过朱自清的《匆匆》这篇文章，那时候还没有太多的感触，觉得时间并没有朱自清说的那么让人伤感，每天开心玩乐便是幸福。可是当我看见父母日渐花白的头发，看到自己年龄的逐渐上升，看到周围的人已步入了婚姻的殿堂时，我发现，时间真的过得太快了。

现在让我回想一下我这几年都做了些什么的时候，我发现：除了几件大的事情我可以较为清楚地记得，那些日常的小事真的早已遗忘在了记忆的沙漏里。但是当我翻开以前写的"新年计划"时，我发现原来自己每年都做了这么多事情，并且哪些是完成的，哪些是尚未完成的也一目了然。

看完以往的"新年计划"后，我发现大学的时候制订的"新年计划"里有一条至今还未实现——去西藏待一个月。这让如今的我想起了当年上学时的梦想，并且再次提醒了自己要去实现这个梦想。

我们都知道，太过于平凡的人生是平稳的但也是无趣的，以至于你在年老的时候都无法和自己的孙子吹嘘当年的自己是如何英勇地做了几件大事。

但是，我们却不知道这些年的时间都去哪儿了？

时间都去哪儿了，都在每日的穿衣吃饭中逐渐逝去了。如果你没有计划地安排自己的日子，你会发现人生最终的结局就是浑浑噩噩地度过了一生。

时间都去哪儿了，都在每日的工作学习中度过了。如果你能给自己安排一个丰富多彩的人生，能学一段优雅的舞蹈，能写一本属于自己的书，能去几个向往的国家，能有一份为之奋斗终生的事业。那此生真的是精彩至极。

日子总是过得很快，逐渐的，你已不再是当年那个15岁的孩子，你已经变成了22岁的职场人士；逐渐的，你已不再是当年那个18岁的叛逆少年，你已经成为一个孩子的父亲。

日子总是过得很快，在不知不觉中你已经结婚生子，有了自己的家庭，听着《父亲》这首歌默默流泪，感叹着时光的飞逝和即将逝去的青春。

扪心自问，这么多年除了工作、结婚，你还做了什么？有没有印象深刻让人难以忘怀的旅行；有没有轰轰烈烈的倾洒过梦想的热情；有没有追过那个曾经无数次出现在你梦里的女孩……

很多人都在问我："你写书是为了什么？你考研是为了什么？你出国是为了什么？"我每次都会给出同样的回答："为了让人生过得更有意义，为了做年轻人该做的事情，为了自己在老了的时候不后悔。"

我将大把的时间奉献给了自己的梦想，将大把的时间奉献给了我所谓的"有意义的人生"。我也不知道自己写的书能不能出版，也不知道自己是否适合所选择的律师行业。但是，我知道我所做的这些事情都是很有意义的，并且做这些事情时的我也是非常开心的。

花费很多的时间去写本书，虽然不挣钱，但是可以在我青春的回忆中留下深刻的记号；花很大的代价放弃工作去上研究生，虽然不挣钱，但是会让我觉得20多岁的那几年日子过得很充实。我从未感到花费自己的时间去做自己喜欢做的事情是对时间的一种浪费，也从未感到日子是浑浑噩噩地度过的，好似一切都过得那么心安理得。

如果，我毕业后就毫无梦想地去工作、领薪水、相亲、结婚、生孩子、变老。我会觉得这辈子唯一让我感到欣慰的就是自己养活了自己并且养大了一个孩子，却没能留下别的任何美好的回忆。

而我希望的人生是充满色彩的人生，我希望我能去几个自己喜欢的国家，我能学自己喜欢的专业，能有自己的兴趣和特长，我希望我能和一个相爱的人厮守终老。我希望在我老了的时候可以坐在藤椅上晒着太阳说着自己年轻时候的英勇事迹。

我并不是空想。我在有计划地安排着我的时间，也在有计划地实现着我的梦想。为了我的时间不被浪费，为了我的梦想可以实现，我将每天的计划做好，然后就是一步一步地完成，我坚信：只要我有计划地制定目标并且实现目标。我的生活一定更加有乐趣。

当你感慨时间都去哪儿了的时候，也是在感慨这么多年的你一事无成的时候。就像我以前说的，所谓的日子不是混出来的，如果你继续以混的心态来过日子，日子一定会回报给你一个大大的耳光。总之，今天你所浪费了的这些时间，终归会成为你日后后悔的源泉。

怎样活过，才算此生无憾

昨天是元宵节，三个舅舅到我家来吃饭，吃饭的过程中，我的小舅舅突然说："鸽子（我的小名），我有个事情想请你帮忙。""什么事情？"我赶忙答话。

"宁宁（我的妹妹）最近把你舅妈和我的微信号都拉黑了。"

"为什么啊？"对此我感到很吃惊，因为从小到大，我见过很多拉黑男友微信号的人，却没见过将自己父母的电话号码设成黑名单，微信号拉黑的人。

"月初的时候，我们和宁宁达成协议：每个月月初打给她2000元作为这个月的生活费，具体怎么花由宁宁自己支配。可是这还没到半个月，宁宁就说她的钱已经用完了，让我们再给她打上2000元。因为宁宁所在的省队是吃住全包的，队里也会提供衣服和生活费，按照常理来说，一个月2000元是完全够她花的，可是不知道为什么她这个月却花这么快。问她钱花到哪里了，她也说不清楚，所以我们不打算再给她打钱。可谁曾想到，宁宁却把我和她妈妈的电话拉黑，再也不接电话了。现在，是想让你帮我们给她打个电话问问她的情况。"

宁宁今年16岁，在省队练习跆拳道，打过不少比赛，也多多少少获过一些奖项。现在到了青春期，有些叛逆也是可以理解的。

但是，宁宁不仅是花钱大手大脚而已，也不仅是叛逆而已，她还有些迷茫。

宁宁现在对钱充满了渴望，这是可以理解的，毕竟有钱才可以去看电影，才可以去吃自助，才可以去买喜欢的衣服。但是，宁宁现在所理解的生活只有钱。这点让我觉得很可怕。

当宁宁告诉我一个月4000元都难以生活下去的时候，月收入只有3000元左右的我以及她的父母都感到了自卑和无奈。当宁宁告诉我以后长大的目标是要挣很多钱的时候，我感到她的想法既现实又尖刻。但是，当宁宁告诉我不想在省队训练，想离开省队出去工作的时候，我怒了。我问她为什么。

她的回答很简单："因为练跆拳道很难出成绩，退役以后很难找工作，又挣不上钱。"

针对宁宁的回答，我告诉她："你给出的答案很现实，和广大父母的想法一样：'人生就是在好好学习，好好工作，好好挣钱中度过，然后结个婚，买个房，生个娃就万事大吉了。'但是，用一句就可以进行概括的人生轨迹毫无乐趣可言。人生所追求的目标并不是只有钱。虽然钱可以带来很好的物质生活，但是它不能带来梦想和快乐。或许你现在只能体会到一日三餐都需要钱，但是你还不能体会到没有梦想和追求地过一生所带来的无尽悔恨和懊恼。你现在正值青春年少，你有将近50年的时间可以去挣钱，但是你只有10年的时间能为自己的梦想奋斗，如果你奋斗成功了，你很可能用10年就挣了你50年挣的钱。如果你奋斗失败了，也没有什么大不了，毕竟你收获了朋友、经历和为梦想不顾一切付出后的无怨无悔以及向朋友吹嘘的无限谈资。多年以后的你在某个深夜回想起16岁那年为梦想而付出的拼搏，你会被当年的自己感动，你也会感激当年那个积极向上的少年，因为他的存在成就了今天的你。"

说完，（一番话让我自己都感到有些慷慨激昂）我停顿了一会儿，接着说："宁宁，人生并不是只为了钱而活着。还有很多别的事情充斥着你的生活。你要问问自己'怎样活过，才会让你无怨无悔，死而无憾'。"

太多的年轻人都在为钱而奔波着忙碌着，我没有觉得不对，只是觉得单纯地为了钱而活着，真的是最有意义的人生吗？

我问过很多年龄在40岁的人，想了解他们所理解的"死而无憾的人生是什么样"？女性给我的回复基本上都是说："希望有个疼爱自己的老公，听话的孩子，健康的父母，稳定的家庭。"问及对收入的要求，多半女性会说："钱这个东西，不需要很多，只要能维持家里的正常开支就行了。我只是希望家庭能够幸福。"

男性的回复基本上是："有一份自己的事业，有个健康的身体和稳定的家庭。"问及对钱的要求，男性的态度一般都是："钱，当然是越多越好，但是相比于家庭，我更希望家庭能幸福和谐。"

40岁的人经历过风雨后，心态愈发的沉稳和平静，对梦想的追求也在逐渐地削弱。他们对家庭的渴望比钱更重，他们更看重家人的健康和子女的教育。但这并不能成为20岁左右的年轻人一切以钱看齐的借口。

20多岁的人不该如此的世俗，不该抱着为了钱什么都愿意做的心态。而是该怀揣梦想和目标，为了既定的梦想而努力，比如说：成为一个歌手、律师、导演或者医生。你要知道，当你达到足够的高度，成为一个足够优秀和有能力的人时，钱也就随之而来了。

我本不爱关注娱乐圈里的明星八卦，但是有一天无意看到了关于台湾女星陈乔恩的一篇报道，是讲她如何从一个名不见经传的谐星变成了如今的"偶像剧女王"，是个很励志的故事。在此摘录给大家：

陈乔恩22岁以"谐星"的身份出道，出道时并没有什么名气。后又主持《中国那么大》。没想到《中国那么大》节目让她一举走红。不过，当年录制这个节目可比现在的真人秀辛苦得多，据悉当年节目敲定的主持是张韶涵，可是，张韶涵主持完一星期后就决定不干了，因为实在是太苦了。

陈乔恩随着节目组走南闯北，一点儿也不娇情，一个人坐着火车去长白山；零下十度睡在湿棉被的旅馆，没有热水，没有暖气；又由于台湾的电视竞争尤为激烈，节目组为了提升收视率遂要求陈乔恩开放尺度，在节目中讲荤段子。毕竟还是个20出头的女孩，频频被要求开放尺度，着实让她难以承受，所以她不得已和公司阐明了自己的想法——不主持了，想去演戏。

演戏是陈乔恩的爱好，也是她的梦想。但是陈乔恩所在的公司并没有同意她的想法，所以陈乔恩的愿望一再被搁浅。

但是怀揣梦想的陈乔恩没有妥协，反而为了梦想选择了辞职。就这样，她近一年的时间既没有主持，也没有演戏，生活也因失去了工作而没有了保障。她近一年没有接到任何的工作，没有保底工资，年轻女孩也没有什么存款，最困难的时候还需要哥哥的救济。

后来，陈乔恩连吃饭都成了问题，白面包和白开水成了她日常伙食的标配。在这样艰难的日子里，她还一度患上了密闭空间恐惧症（就是对封闭空间的一种焦虑症。幽闭恐惧症患者在某些情况下，例如电梯、车厢或机舱内，可能发生恐慌症状，或者害怕会发生恐慌症状——摘自百度）。为了能治疗自己的恐惧症，陈乔恩选择去擦地、擦马桶，以这样的做法来排遣自己苦闷的心情。

就这样熬过了"雪藏"的一年，公司里终于有人想起陈乔恩，给了她一个演戏的机会，虽然只是个女二号的角色。这部剧不仅让她在演戏上一展风采，也让她收获了爱情。

似乎，好运就要降临了。但是，公司为了捧红新人，又再次牺牲了陈乔恩，她面临着再一次的"雪藏"，而谈了很久的男朋友也最终分道扬镳。

成长的道路毕竟不是一帆风顺的，没有几个人能在追求梦想的道路上一路平稳地前行。但是，若你有梦想，就一定会有前行的动力和前行的路途。

上天总是垂帘有梦想的人，兢兢业业工作的陈乔恩终于通过《命中注定我爱你》这部电视剧走上了收视女王的地位。随即告别了自己的旧东家，成立了自己的工作室，也迎来了事业的高峰期，电视剧一部接一部，大奖也收获了很多。

自出道到现在，陈乔恩没有因为钱而妥协过，即使是在最艰难的那段时光里，陈乔恩也没有因此而改变自己的信仰，没有因为钱而接着去做讲荤段子的主持行业，也没有因为钱而成为某位富豪的包养情人，而是坚守着自己的梦想，一步一步地朝目标努力。

承受了很多压力才走到今天的陈乔恩回首以往，显得很淡然。过去的一切起伏成就了今天的自己。20多岁所遭受的痛苦和打击让她的心智更加成熟，过去承受了清贫无依生活的陈乔恩如今也愈发地珍爱生活。我赞赏陈乔恩的人生轨迹，并不是羡慕她此时的成功，而是钦佩她20多岁时能够不屈服于生活，也不放弃梦想，继续为了自己的目标而努力，因为她坚信：努力了的人生才是精彩的人生，名气并不是成功的目标，经历才是人生的意义。

　　像陈乔恩这样为了梦想而前行的艺人有很多，他们唱歌不是为了钱，而是喜欢站在舞台上的那份成就感；他们演戏不是为了钱，而是希望能够将自己最好的作品展现给观众，而往往这类心无旁骛、用心做好一件事的演员最终都成功了，比如王宝强、邓超、孙俪……

　　而那些急于求成，为了金钱、名气和地位不择手段的明星，多半都会选择被包养或者出卖自己的肉体和灵魂，凭借这样手段成功的明星，即使很有钱，也会被别人嫌弃。因为他的人生不是坦荡、明媚的人生，而是阴暗、潮湿的人生。

　　人的一生可以选择的路很多，就看你想要过怎样的生活，想要追求怎样的死而无憾。但是如果所有的事情出发点都是为了钱的话，就损失了做这件事情最初的美好。希望你不要被钱所折磨一生。

　　当一个北漂准备写下自己第一首歌的时候，很多人见到他都会问他："你写歌能挣钱吗？能挣多少钱？"北漂的答案始终都是："不一定能挣上钱。"听完这个答案，他们好像感到很吃惊："不挣钱，你写歌是为了什么？"

　　我相信很多词曲家刚开始写歌并不是都是为了挣钱，只是为了梦想和兴趣，为了能在生命的长河中激起一朵浪花，让平淡的人生更加有乐趣和意义。只要想到，如果有一天，在繁华的大街小巷，听到来往的路人都在哼唱着自己写的歌，那种油然而生的满足感和自豪感不是用钱能衡量的。

　　人，只有在生病的时候才能知道自己最想要什么，才有时间去回忆过去，才有权利评价自己过往的人生。当你生病卧床，无法行动的时候，你开始回想你的一生都做了些什么？你会发现钱在你生命中的地位并没有你想象的那么高，相比之下，家人的笑脸、朋友的关心、子女的陪伴、梦想的实现却一直盘踞在你的脑海中，久久不能褪去。

最后，写下一句话：希望在夜深人静的时候，你能静下心来问问自己：怎样活过，才算死而无憾。

方法总比问题多

上大学那会儿，由于我没有把学习当回事，抱着混日子的态度对待学习，以至于大一的时候，我严格的数学老师将我的数学挂了科。在我得知这个消息后，我及时地联络到了其他一同被挂科的同学，希望和他们结成联盟。

对我来说，数学是一门很难学懂的学科，我从高中起就将数学视为敌人，不愿花心思在上面。我向同住的室友诉了苦，室友说："去找老师求求情吧，让老师给你帮帮忙，毕竟补考改卷子的是代课老师。"学习差的学生都知道，找老师是一件很恐怖的事情，像我这种差学生总是觉得，老师不来找我就谢天谢地了，怎么还能让我去主动地找老师？

自然，我没有去寻求老师的帮助，因为我害怕老师拒绝我，害怕老师看不起我，总之就是害怕遇见老师。自然，补考的时候我又没过，而当初和我一起挂科的学生，都因为去找了老师的关系，多多少少得到了帮助，他们有些得到了老师划的复习范围，有的是得到了老师的同情分，甚至于有些学生直接给老师塞了两条烟，老师就让他们补考顺利地过了。

而我就悲催了，得参加学校大四时候组织的清考。自从这件事以后，我就发觉，世界上的任何事其实都没有你当初想的那么复杂，只要你肯去做，方法总是比问题多。如果我当初壮着胆去找了老师，即使老师当时拒绝了我，我也可以通过自己的努力从老师那里得到些复习范围，或者让老师知道我即使学习不行，但是还有一份想要学习的心，也不至于盲目地去复习，再次以失败告终。

大二的那年，我们的课业少了，看着周围的人都在做兼职挣钱，有的做家教，有的去做促销。其实，我也很想去做家教，但是我又害怕自己没有能力，不能胜任这份工作，也不能给学生讲好课。但上次补考的事情给了我启示，我决定去争取一下，去尝试一下。结果，我成功地赢得了家长的信任，成为一名小学六年级学生的家教，有了很固定的课时费，并且学生也很喜欢我。我再次肯定，原来世界上的任何事其实都没有你当初想的那么复杂，只要你肯去做，方法总是比问题多。

大三的那年，我想做点小生意来锻炼下自己。在一番考量后，最终的我决定在学校做假发的生意（后来，我发现学校里假发生意并不好做，做生意投资前期一定要先做好市场调查，不能盲目地进行投资，要不然亏本的风险是很高的）。做假发生意首先要有一定的资金，进一批货最少也需要10000元，其次要有自己的店面，店面租金最少也需要20000元，最后还要有自己的销路。

对于一个上学的学生来说，启动资金是一笔不小的数字，并且，我的这门假发生意也不一定能够盈利，所以肩负的压力是很大的。可能很多人想到这点就不会再继续想投资做这个项目了。而我坚持认为：只要我想做，就一定会有办法。所以，我去做了。

我向父母借了20000元钱，打了欠条。随后，我就去找了学校的一家店面，恳请店主租给我1/3的房屋（也就是占用店面的几个柜台），一年的租金是10000元。我又拿剩下的钱进了货。

刚开始的时候，假发卖得非常不好，因为大家不知道该如何使用它，并且由于我的店面位置也比较偏僻，很多人都不知道我开了假发店。为了解决销路问题，我开始到外面发传单、打广告，并且在店里免费给别人做发型。时间久了，慢慢有人知道我的假发生意了，光顾的人也日渐多了起来。

在我假发店开业将近一年的时候，有一个校外经商的女人觉得我做假发生意做得还不错，想把我的店面盘下来。我考虑了一段时间后，以20000元的价格把余货和店面柜台转租给了她。

后期，我算了一笔账，假发生意做了8个月，挣了10000元。虽然不多，但让我很开心，不仅锻炼了自己，也让我知道，原来真的没有什么事情是难得让人无从下手的，只要肯想办法，就一定能够解决目前的困难。

大四的那年，面临着找工作的压力、写论文的压力和数学清考的压力，正当我发愁该如何是好的时候，我们老师给我发了一条招聘的信息，是一家上市公司在招行政助理，工资待遇都很好。我又犹豫了，因为我害怕公司会因为我不能如期拿上毕业证而不要我，我害怕我的竞争对手，他们都太强了。但是，最终我决定还是去尝试一下，因为，如果我还没有尝试就轻易地放弃这个机会，日后的我一定会后悔。毕竟，机遇不是天天能碰到的。

面试完后，领导对我很满意，让我回家等通知。过了三天，领导通知我被录取了，高兴之余我又有些担心，害怕领导日后知道我没有毕业证的时候会开除我，思前想后，我向领导吐露了实情，本以为工作就要没戏了的时候，领导说："我们以前招聘的时候也没有遇到过这样的情况，但是你的自身条件确实很好，我感觉你在日后的工作中也不会让我们失望的，所以我们领导经商量后决定还是录用你，也希望你通过自己的努力顺利地拿上毕业证，在日后的工作中好好表现，不要让我们失望。"

听到这个消息，我既感到意外，又特别兴奋。原来，世界上的事情真的没有我想的那么复杂，只要我努力争取，积极应对，困难都是可以被攻克的。

大四数学清考的时候，由于汲取了大一时候的教训，这次我克服了害怕老师的心理障碍，积极地与老师取得了联系，并有备无患地准备了礼物。让我没想到的是数学老师对我很友善，不但给我划了复习范围，还主动提出每天下午的时候让我去找他补习。这次，我不但没有送礼，老师还给我免费补课，确实让我又吃惊又感动又意料之中。

吃惊是在于，原来数学老师这么友善，没有像我想象中那样冷酷，既没有批评我，也没有像别的学生说的那样：老师都只认礼物，并不认学生。感动在于，数学老师不但没有收受我的礼物，还主动要求给我免费的补课。我觉得意料之中是因为，这件事再一次证实了我的观点：方法总比问题多。

工作一年后，我发现自己的学历在所在的公司并不出众，遂想辞职去考研。当我把这个想法告诉我的朋友时，他们都劝我放弃这个想法，他们说："研究生很难考的，我有些同学考了3年都没考上，而且你已经有一年都没有学习了，英语和法律早都忘得差不多了，现在去复习是很困难的，如果明年没考上，工作也没了，又得重新找……"

听起来，他们说的都很有道理，好似我现在考研是一件非常不明智的选择。但是，我自己又仔细地考虑了下，我认为读完研究生对我日后的发展非常有利，并且我现在还年轻，记性还好，只要花心思在学习上，单词肯定是可以记住的。朋友们说的那些困难，只要我自己内心不害怕，不退缩，就一定能找到解决的办法。

我辞职了，义无反顾地选择了考研。结果当然也不出所料，成绩很好，我去了自己理想的学校，学着自己想学的专业。

如果你觉得我的故事并没有说服力，那我再给你讲一个我身边王博士的故事。王博士今年30岁，有一个相爱多年，结婚一年的太太和一个一岁的女儿，一家三口住在120平方米的新房里，日子过得很是滋润。

王博士在科学研究院工作，太太在一家大公司做财务科长。两人的收入中等偏上，日子过得很是甜蜜。

但是，两人也并不是一直都如此一帆风顺的。

王博士是保送的研究生，并在研一的时候就申请了硕博连读，由于王博士的家境并不富裕，所以他一直都很节俭，靠着奖学金过日子。王博士在读博士的时候有一个同校的女友（不是现在的太太）。但是由于种种原因最终两人分了手，分手后的王博士甚是悲伤，通过网络认识了现在的太太，两人一见钟情，第二天女孩就领着王博士回家见了父母，可是女孩的父母并不同意两人的交往，原因是感觉王博士的学历太高，两人在一起过日子会因为价值观的不同产生种种的矛盾。

屋漏偏逢连夜雨，船迟又遇打头风。就在王博士为爱情烦恼的时候，又接到了家中妈妈得乳腺癌的噩耗。妈妈的突然病倒让原本不富裕的家庭更是雪上加霜。

　　该怎么办？为什么人生如此坎坷？到哪儿去找这么多钱？这几个问题一直萦绕在王博士的心头，让原本健硕的他在一年内瘦了20公斤，消瘦、憔悴是当时所有人见到他的感觉。但是，他不但没有被生活打倒，反而更加拼命地努力。他不断地写着论文，进行着学术研究，最终通过发3篇SCI论文（核心期刊）的形式得到了学校发的国家级奖学金3万元。妈妈得了乳腺癌，手术费需要20万，但是社保可以报销14万，加上刚得到的奖学金3万，家里实际要掏的费用只有3万，这让原本紧张的家庭松了一口气。

　　或许是上天怜悯王博士，或许是王博士的孝心感动了上天。王博士妈妈的手术非常成功。

　　妈妈的事情解决了，王博士开始思考着如何解决自己的爱情问题。他首先去找了女孩的妈妈，告诉她："阿姨，虽然我是博士，但是我和普通人一样，两个胳膊两条腿，每天吃三顿饭。我爱你女儿，会对她好一辈子，这种爱是不会因为学历而发生变化的。虽然我家穷，但是我肯努力，我坚信自己一定能给你女儿带来幸福。"阿姨听了王博士的一番言语，感动了。又在日后的接触中发现，王博士虽然学历高，但是为人耿直，谈吐幽默，并不呆板，最重要的是王博士对女孩很好，因此，女孩的父母最终同意了两人的交往。

　　交往后的王博士不愿意居住在女孩父母家中，遂和女孩在外面租起了房子。当时的王博士并没有收入，女孩也只是公司里的小员工，月工资只有1000元，两人的日子过得很是清贫。在这样的条件下坚持了几年，王博士要毕业了，本来可以留校当老师的王博士却被同级的学生抢占了名额，只是因为这个学生和管招聘工作的老师关系更好。就在王博士为工作发愁的时候，他的女朋友怀孕了。

　　怎么办？是结婚还是不结婚？没有钱怎么办？要不要这个孩子？这几个问题又如同大石头般压在了王博士的心头，生活再一次跟他开起了玩笑。王博士感慨：我的人生为什么如此的不顺利？

　　经过几番思考的他最终决定：结婚！把孩子生下来。决定是做了，可是没有钱怎么办？没有钱，丈母娘肯定是不会同意嫁女儿的。王博士在万般无奈下找了自己的老师，老师在得知他的这一情况后，很仗义地拿出了

4万元钱给他，让王博士准备结婚用，并且许下承诺：不用归还。结婚的钱是有了，但是没有房子怎么办？没有房子，丈母娘也肯定是不会同意嫁女儿的。无路可走的王博士回家向父母开了口，并且又去找丈母娘说明了目前的情况并表明了自己会爱女孩一辈子的真心。最终，在丈母娘和自己家亲戚的帮助下，王博士买了房，并进行了简单的装修。

两人顺利地结了婚，结婚后，王博士的老师又给王博士推荐了新的工作场所——科学研究院。有能力的王博士顺利地应聘成功，找到了一份适合自己的工作。如今，两人已经有了自己的家，自己的孩子，幸福的一切。

回想起当年那段艰难的岁月，王博士说："生活中要遇到的艰辛实在太多了，但是解决困难的办法更多，只要你肯去想办法，问题总是能迎刃而解，其实咬咬牙，坚持一下，困难也就过去了。"

我们一生中会遇到很多坎坷，日子总是过得不太如意，好似总是会发生一些让人烦躁苦恼的事情，你熬过去了便能遇见彩虹，熬不过去便是永远的雨天。但是，只要你抱着"方法总比问题多"的信念去生活，积极地解决眼前的问题，你的日子一定会好过起来，你的天空一定会放晴。

2016年的一天早上，我因为一件小事有感而发，写了一篇文章，写完觉得还不错，遂投给了一家杂志，没想到被发表了。于此，我产生了写一本书的冲动，我知道写书是很难的，会遇到很多困难，比如：没有思路，题材不好，故事内容没人喜欢看，写完了没有出版社出版，出版了没有销路……

但是，容易吓死我们自己的往往不是夜里的鬼，而是夜里自己被拉长的身影。我们在追逐自己的梦想时，打败我们的往往不是道路上的坎坷，而是我们内心里的害怕和绝望。

有些时候，可能我们还没有迈出追逐梦想的第一步时就已经遭到了朋友无情的打击和家人的不理解。往往这个时候我们产生了退缩和放弃的想法，其实，打败我们的不是周围的流言蜚语，而是你内心原本就有的害怕和担忧，如果你能谨记"世界上的任何事其实都没有你当初想的那么复杂，只要你肯去做，方法总比问题多"这句话，你就会坚定自己的梦想和目标，就会坚定不移地走下去，只要我们遇神杀神、见鬼杀鬼，不断地思考解决问题的方法，积极地去解决眼前的困难，我们就一定能够成功。

　　但是，如果你遇到了困难就退缩，就找借口找理由，去回避、放弃自己的梦想，那么你注定一事无成。

　　因为我的坚持，我的这本书出现在了你的书架上。

该如何面对我的浮躁人生

20多岁的年纪，身边充斥着各种各样的开宾利的创业年轻人的新闻和月入百万的广告。想成功是每个年轻人的愿望，尤其是当马云这样的创业成功的先例越来越多，成功的渴望也越来越强烈。

有一个女孩叫娇娇，名校本科毕业，学的工商管理，上学期间是学生会的骨干，也是三好学生，并且经常参加校外实践，做过促销，做过家教，干过兼职会计。毕业时不仅成绩优异，同时练就了一身为人处世的本领。所以很自然地被一家上市公司的HR看重，做了公司的实习会计。一切听起来倒也算顺利。但她进公司以后很快发现一个问题：销售部的员工工作时间很自由，收入也很可观，很快便心生羡慕。

随着社交圈的不断扩大，见的人也越来越多，娇娇慢慢发现一个问题，身边的本科生多得如遍地牛羊，研究生也是越来越多，在收入和晋升通道上研究生也有很大的优势，遂又产生了辞职考研的想法。说干就干，她很快办了离职手续，开始全职考研。

好不容易研究生毕业，娇娇又看到互联网行业很有发展前景，年入百万的淘宝店主还真的比比皆是，遂又产生了加入电子商务大军的想法——说干就干，娇娇找了些渠道进入了一家电子商务公司。随着工作的开展，和工商局的接触越来越多，她又发现工商局的公务员虽然收入不高，但是社会地位很高，很快又想到了考公务员……

不只是娇娇这样的女孩，有这类心理的男孩也是很多的。大家都渴望成功，而且还渴望能够快速成功，这种浮躁的情绪大面积地吞噬着年轻人的心。大家开始不顾一切地创业，不顾一切地折腾，认为年轻就是要多折腾，越折腾越好。

但是，折腾的同时大家忽略了一些成功的共性，那就是坚持。放眼望去，众多的成功者都是在一个行业里数十年如一日的坚持才取得了最终的成绩。我记得我以前的领导说过这样一句话："人生最怕折腾。"我想她说的这个"折腾"不是不努力的意思，而是浮躁，不踏实，没毅力，怕吃苦的意思。

我有一个舅舅，今年40岁。按理来说已经到了事业成功的年纪。可是他有一个爱他的老婆，出色的女儿，却没有一份引以为傲的事业。舅舅是最早一批的大学生，学的是当时非常冷门但是现在却很热门的计算机专业，毕业后被分到一家国企纺织厂做办公室主任，是我们一大家中最早住上楼房的人。我和我的表姐都是从平房里出生的，只有我的妹妹是在楼房里出生的。

在当时来说，舅舅家的生活很好。

但是，天有不测风云。纺织厂经营不善，面临着亏损裁员，舅舅下岗了。下岗后的他利用自己计算机的专业干起了老本行，开了家计算机维修店面，干了几年攒了点钱。但是，舅舅觉得这行挣钱还是太少，遂又转行做起了酒水销售，干了几年钱没挣到，酒量却锻炼出来了。

舅舅看到做酒水销售代理也不挣钱，遂又转行去农村包了100亩地。由于舅舅天生不是种地的人，一副知识分子的身子骨实在不适合干这行，遂又在朋友的介绍下考取了一级建造师，现在在一家监理公司做监理。

舅舅在干了一年的监理后，觉得这个行业很适合他，家里人都觉得他终于在40岁找对行业实属不易，踏踏实实地干吧。可是谁知道过年的时候舅舅回来又说想去干项目经理。因为他觉得项目经理更能学到东西，挣的钱更多。

项目经理是比工程监理更有技术含量的工作，像舅舅这样半路出家的人实在是没有时间再去像大学生一样从零做起了。

话说回来，不管是哪个年纪的人都应该踏踏实实地做事，不要老是幻想着一夜暴富，也不能总是更换行业，如果你认准了一个行业，就一定要坚持地干下去，不能因为中途出现的一些困难和别的行业产生的一点诱惑就放弃目前的工作。

20多岁的年轻人在70年代人的眼里，是最为浮躁的一代，也是压力最大的一代，他们的压力不是家里给的，而是社会给的，身边创业成功的创一代，开宝马的富二代给这群年轻人很大的冲击，让他们越来越急于成功，但他们却忽略了成功最为本质的精华——坚持，在一个领域内坚持做到最后的毅力。

常常有人问我："如果我付出了努力，但最后没有成功，该怎么办？"听到这样的话我只能说："你付出了努力可能会成功，但是你连努力都没有，那一定不会成功。就算你在付出努力后没有达到你预期的高度，但你肯定收获了你不曾拥有的品质。"

我有一个律师朋友，年轻时在建筑单位做法律顾问，日子清贫，收入不及他太太，后因单位裁员，不幸失业，无奈之下做了律师，五年后的他成为一家律所的合伙人，年收入百万，妻子的态度也是日渐回暖。问其成功秘诀，只有四个字："厚积薄发"。建筑单位20年的从业经验给了他很大的平台和人脉，以至于一转行，案子就不断。

这类成功的例子还有很多，就不一一赘述了。总之，世上富豪级别的人物都是坚持一个行业干上一辈子。比如，比尔·盖茨、卡洛斯·斯利姆·埃卢、巴菲特、拉里·埃里森这类人都是在自己的领域奋斗了一辈子，才取得了今天的成绩。

最后，我只想说：年轻人面对浮躁人生的办法只有一个，那就是选准方向，不懈努力。只有你坚持一个行业，持续不断地努力5年，才可能在这个行业里崭露头角，但是如果你时不时地换工作，坐着这山看着那山，你会发现别人的工作是如此的好，自己的境地是如此的悲惨，你会开始不断地想换工作，想跳槽。但是，这样做的后果就是，5年下来你干过很多行业，但是你在哪个行业里都是新手，都不能算是专家。貌似你是个经验丰富的全方面人才，其实你只是个眼高手低的菜鸟。

以至于，毕业10年后，你的同学已经成了某个行业里的领导级别的人物，而你却只是个不断换行业、换工作的打工者。或许并不是因为你没有能力，也不是因为你不肯吃苦，而是你没有找准自己的位置，你缺少一丝坚持和韧性。

当你的能力还不能匹配上你的梦想时，请你好好地沉淀自己，做好眼前的事情，选准方向，不懈努力地坚持下来。

学习到底有什么用

我们从小就被父母教育、被学校教育要好好学习。同样，我们从小就在心里反复提出这样的问题：为什么我们要学习？学习有什么用？就在这种洗脑式教育的敦促下，我们念完了小学、初中、高中，念完了大学，甚至于念完了研究生后还要去国外留个洋。

可学完以后呢，还不是要到社会上找工作，从每个月两三千做起。此时心里估计已经很不平衡了，恰巧碰到以前并未念大学的同学，得知他读完初中后直接上了个航空学院，19岁刚毕业就进了航空公司当了一名空少，飞5个小时休息三天，年假两个月，实习工资一个月7000。顿时更为难过，免不得怒喊一声："上这么多年学有什么用！"

在这个金钱、地位衡量能力的社会，谁挣得钱多，谁好像就更加有能力，没钱的人哀叹自己的命运，后悔当初的决定，说着："如果我当初……现在就……"的话，饮两杯酒，闷头睡下，第二天太阳升起之时一切行为轨迹又回到了昨天。

但是有一颗种子却在心里埋下了，那就是"上学有什么用，上学根本没用，有关系，有钱才有用"。这颗种子不仅仅在无知的人心里埋下了，也在中高等知识含量的人心中埋下了。

学习有什么用呢？我也不知道，但在回答这个问题前我们先要来弄清楚什么是学习。有人认为小学、初中、大学、研究生这个过程叫作学习；有人认为看书就是学习，无论是什么书都可以；有人认为学习一项技能是学习；但大多数人把学习等同于学历。认为学习没用的人多半指的是学历没用。

那我们现在来分类解读学习，先来说说看书的作用。我曾看到一个故事，大致内容是这样的：一个小男孩的爷爷很爱看书，小男孩对此很不解，就问爷爷："你天天看这么多书能记住所有内容吗？"爷爷说："不能。""那你为什么还要看呢？"爷爷没有说话，给了小男孩一个脏脏的竹篮子说："你拿这个去河边打一篮子水回来，答案就出来了。"小男孩接过篮子就往河边跑。但常识告诉我们，篮子是没办法打上水的，无论小男孩跑得多快，水也会在回家的路上漏光，小男孩反反复复地跑了很多趟后放弃了。他很生气地对爷爷说："篮子根本打不出来水，无论我跑多快，它都会漏光。再说这和看书有什么关系？"爷爷笑了，说："你看看你的篮子。"小男孩低头看了看篮子，之前那个脏兮兮的篮子在无数次的打水过程中不知不觉地变得干干净净。爷爷接着说："篮子打水，虽然装不住水，但是可以把篮子洗得干干净净，我们的大脑和这篮子一样，不能把所有看过的书全部记住，但是在看书的过程中，却能不断地净化我们的大脑，让我们以前愚昧的思想，肮脏的思想变得纯净起来。"

接下来我们说下学历，学历有什么用呢，无非是一张纸。在当今这个社会，学历是面试工作的敲门砖，简历上有了它你才能得到面试的机会。并且学历代表着上学的一个过程，你在学校的氛围中待得时间越长，耳濡目染的时间越久，你的面相和心智就越发谦和，为人更加礼貌。

我们常说一个本科生和一个大专生站在一起是很容易辨别的。并不是长相的不同，而是为人处世、待人待物、思维方式和谈吐的差异，当然我并不是说本科生比大专生高人一等，也有一些大专生是非常懂礼节非常谦逊的。我只是说学习这个过程会反映在你的生活和为人处世上，它改变了你对生活的理解，增加了你生活的情趣，甚至让你的生活追求也更加高档。有些暴发户有钱以后可能会选择大吃大喝，但知识分子有钱后的选择可能会更加浪漫一些，比如学个插花、养生、去环游世界。学习可以让你的生活与众不同。

再说个现实点的话题：目前社会地位稍微高一点的职业，比如说大学老师、律师、医生、记者、教授等等这类的工作对学历都是有要求的，最低学历也是本科，有些工作甚至于需要博士学历的人，所以说当你想去做一份高收入又高地位的工作时，你就必须得有与其相匹配的学历才可以。

技能的重要性我就不多谈了，毕竟学一门手艺是生存的根本，我们最后回到开篇的问题上：学习和钱的问题。

学习的最终目的还是为了能够养活自己，只是有的人不用通过学习同样可以养活自己。有些工作其实真的不需要懂很多的专业知识。但是不要借此把你挣不上钱的错都归在学习的头上，其实学习给你带来的更多的是精神层面的富足，而物质层面的富足更多的是需要你个人能力的提升和人情世故的熟稔。

想要让物质生活越来越好，单靠学习肯定是不够的，还有很多因素也需把握，比如说相貌、人际关系、性格、能力等等。而学习能带给你的东西和钱带来的东西是不一样的，要注意区分，切忌混为一谈。

为什么每次受伤的都是我

先来讲一个我好朋友西瓜小姐和橙子先生的故事。西瓜小姐和橙子先生在外人看来是比较般配的一对。西瓜小姐性格活泼开朗，工作稳定，长相甜美；橙子先生性格成熟稳重，有自己的公司，身材高大。刚开始两人在一起时倒也甜蜜，时间一长就出现了问题，多半是生活态度和为人处世的不同造成的。没谈多久，西瓜小姐就率先提出了分手，这令橙子先生非常疑惑。

后来，橙子先生约我见面，向我倾诉："在西瓜小姐之前我有个女朋友，她家里条件不好，父母离异，而我那会儿刚好在国外留学，想到她在国内也不会有好的发展，又为了我们感情做打算，我用我所有打工挣来的钱将她送到国外。为了能让她出国，我上课之余兼了好几份工作，每天起早贪黑地为了她忙活。但是，出国后的她竟然背着我找了一个外国人，跟我分了手。这次这个西瓜小姐也是一样的，我们俩在两个城市，我每次为了见她要开4个小时车，有时候碰到她加班，我就在楼下等她，一等等一下午。她想做的所有的事情我都满足她，可是不知道她为什么仍然向我提出了分手，难不成她和前面的女孩一样背着我爱上了别人？为什么受伤的总是我？为什么我付出这么多后还是以失败告终？"

橙子先生的前前女友我不认识，事情的真相是怎样的我还真不知道，但是西瓜小姐是我的好朋友，他俩的事情我倒是很清楚。如果单听橙子先生一方的陈述，倒也觉得他是个重情重义的好男生，只是总是遇人不淑罢了。但听了西瓜小姐的陈述，却又是另一番看法。

西瓜小姐是这样说的："我和橙子先生是异地恋，除了每次他来找我外，基本上都是靠电话联系，所以'电话爱情'就更显得重要。而他每次给我打电话的时候，都是在抱怨他工作的不顺利、生活的不开心、父母吵架之类的事情。我在电话的这头都能想象到他垮着一张脸的扭曲表情，其实我也能理解，生活上多半遇到不开心的事情会想给最亲近的人倾诉，但你也总不能一天三个电话地朝我抱怨吧。如果你一直这样，我只能认为不是生活对你不公平，而是你对待生活的态度出现了问题，再说我也不是你的垃圾桶，没理由天天听你的抱怨。"

"或许他是把你当作自己人了吧。只有把你当作自己人，他才会如此的表露自己。"

"两个人在一起开心是很重要的，如果他和他朋友在一起的时候表现的是一副积极向上、阳光开朗的形象，而在恋人身边就表现出对生活这不满意那不痛快的嘴脸，那我真的希望他把我当作朋友好了。"

"只是因为这样就分手，也太果断了吧。"

"这只是冰山一角。他最不能让我忍受的就是大男子主义和为人呆板。比如他喜欢吃面，就会选择一个星期都去那一家饭店吃面，吃到想吐为止。比如上次见父母的事情，他连和我商量都没商量，就单方面通知我下周末去他家吃饭，他从来不顾及我的感受，根本不尊重我。就说来找我这件事情吧，你来找我之前总得打个电话问问我'你今天休不休息吧'，可是他问都不问我就直接过来了，结果碰上我加班，一等等一下午，完事还向我抱怨……"

听完两方的陈述，我突然想到一个问题，随即就问了橙子先生："你和你前前女友分手的原因是什么？"

"因为她爱上了一个外国人啊。"橙子先生略带茫然地回答我。

"除了这个呢，这可能只是分手的表面现象，而实质原因是什么？"

"没什么实质原因啊，说白了就是她劈腿了……说不定西瓜小姐也是一样，背着我爱上别人了……"

听完这句话，所有的一切都明朗了。西瓜小姐和橙子先生的分手，是因为橙子先生还没"长大"。橙子先生到现在都没弄明白为什么他和前前女友分手的原因，所以他也永远无法明白西瓜小姐和他分手的原因。

我敢说一个女孩就算在国内生活得不好，但是她放弃国内的一切朋友和亲人，在语言完全不通的情况下追随着你的脚步出国多半是出于爱你的原因。但出国以后选择了分开，多半是因为无法忍受和你在一起所遭受的痛苦，而恰巧这时出现了另一个对她好的男生，她情感的天平便很快地动摇了，最终导致了你俩的分手。橙子先生在那段感情中很可能也是不太顾及女孩的感受的，只要橙子先生自己觉得是好的东西，都会强加给女孩，总觉得为了女孩好好挣钱就是爱她的表现，殊不知你平时的爱抱怨和大男子主义才是分手的真正原因。

而橙子先生在分手的时候也并没有从中汲取教训，而是一味地指责对方的不是，恰逢对方有出轨的表象，导致了橙子先生把所有的过错都推在了对方身上。

橙子先生和西瓜小姐谈恋爱，又犯了同样的错误，他把上一段感情的大男子主义、爱抱怨、消极等毛病带到了下一段感情中，致使这段感情也无疾而终。只是西瓜小姐并没有出轨的表象，导致橙子先生至今一直对和西瓜小姐分手的结果感到很困惑。

橙子先生分手是必然的，因为他从来不在自己身上找原因，导致上一段感情的错误延续到下一段感情中，最终都是以失败告终。

上个星期看到橙子先生更新了自己的微信朋友圈："我就是我，珍惜也好，不珍惜也罢，如果哪天你把我弄丢了，我不会再让你找到我，友情也好，爱情也罢，我若离去，后会无期。"

在这句话的下面，有一条长长的留言，留言的落款写着：西瓜小姐。留言的内容是这样的：

橙子先生你好，无论你的现任是谁，如果你的缺点没有改正，她都会变成你的前任。但也排除某种情况，就是你在今后的某一天真的碰到了一个完全合拍的女孩，她喜欢你突然式到访的小惊喜，喜欢你专注执着一件事的精神，也喜欢你捎带大男子主义的关心。毕竟感情的世界是没有标准可言的，没有完全对错的两个人，只有完全合适的两个人。

　　橙子先生，祝你好运。

什么样的人才是好人

我们从小就被教育要做个好孩子，进入学校后被老师教育要做个好学生，长大了步入社会了又被教育要做个好人，其实我很想问一句，什么样的孩子才算是好孩子，什么样的学生是好学生，什么样的人算是好人。

父母会说："听话的孩子就是好孩子。"老师会说："学习好的学生是好学生。"市民会说："助人为乐的人是好人。"……

如果真如他们所言，只要听父母的话就能成为好孩子，那只需不思考，一味地听话就可以了。如果学习好就能成为好学生，那只需两耳不闻窗外事，一心只读圣贤书就可以了。但是做到这些就真的可以了吗？

其实不然，当你从小到大一直听父母的话，直到你结婚生子，你仍然听父母的所有教诲，你会发现你与妻子的关系日渐紧张，曾经温柔的妻子会不断地问："我和你妈掉水里了，你选谁？"你会逐渐困惑，在父母和妻子之间该如何抉择？

一边是含辛茹苦把你养大的父母，一边是将伴你到老的妻子；一边是要求你做个听话的好孩子，一边是要求你做个听话的好丈夫。

如果最终，你坚持了孝，选择了一如既往地听父母的话，结局就是你的妻子开始与你争吵，说你不是个好丈夫，甚至不是个好爸爸。你也因此备受煎熬，感到身心俱疲。但是当你选择站在妻子的一方时，你的妈妈又开始说你有了媳妇忘了娘，开始不听父母的话了，已经不是好孩子了。你的妈妈甚至开始讨厌你的妻子。婆媳关系日益恶化。

到底该怎么做才能让父母和妻子都满意，到底怎么样做才算是个两边讨巧的好人？

我们先说一个发生在婚姻里的故事。王姐的老公是个事业有成的人，在工作方面非常敬业也非常专业。周围的同事对他的评价非常高，说他是一个有事业心、聪明、能干的人。而王姐却一直闹着与她老公离婚，这让大家都很不解。问其原因，王姐说："我老公是个为了工作什么都不管的人，除了工作以外什么都不要，家里的水管坏了都是我自己找人去修，我跟他结婚到现在，他挣的钱也从没有给我花过一分，我都不知道我嫁给他是为了什么……"

同样的一个人在不同人的嘴里变成了不同的版本，同事眼里的好员工变成了太太嘴里的坏丈夫。作为局外人的你如何来评价这个人到底是好人还是坏人？

我们再说个发生在单位里的事情。阿狸在一家事业单位上班，她所在的部门有两个领导，一个是副处级的领导，姓赵；一个正处级的领导，姓胡。阿狸很喜欢胡处长，她觉得胡处长为人随和，没有当官的架子，当员工犯错的时候从不会在员工面前大声指责，而是选择将他叫到办公室小声叮咛。相比之下的赵副处就很喜欢在员工面前摆架子，喜欢大声责备员工，甚至于一点小事都暴跳如雷。

同在一个部门的小张和阿狸是同级别的员工，在赵副处长和胡处长之间，小张却很喜欢赵副处长，他觉得赵副处长为人比较直接，有什么不满全部表现在脸上，没有心机，比较好相处。而胡处长城府很深，对员工的不满全部埋藏在心底，很难琢磨。听完小张和阿狸对赵副处长和胡处长的评价，你能断言：这两位领导谁是好领导吗？

接下来，聊一下恋爱里的故事。就拿前面说过的西瓜小姐和橙子先生的故事来举例吧。在朋友眼中，西瓜小姐是一个为人风趣幽默、性格开朗的好女孩，橙子先生是一个为人内敛、性格沉稳、事业有成的人。可是他俩在一起后却彼此埋怨，诉说着对方不好的一面。如果单听他俩的叙述，是很容易断定为对方不是个好人。但是如果以朋友的角度来看，事情就是另一番模样了。

说了这么多，估计你也有一丝疑问了，到底什么样的人才是好人？好人的标准是什么？

其实你也发现了，往往在你眼里的好人，在别人眼里却是另外一番模样。我们常常说一个人有能力，这是有凭有据的说法，可以根据一个人的收入、职位、工作、学历等方面来判断；说一个人长得漂亮，也可以根据其外貌、身材、穿衣品味等方面来判断；但是说一个人是好人，你是从哪几个方面来推断的呢？估计每个人考虑的出发点是不一样的，有些人是从人品来推断的，有些人是从为人处世推断的，有些人仅从别人嘴里来进行推断……

其实真的没有什么好人的评价标准，如果非要拟定一个的话，我们可以分为三个层次。

第一个是最低限度的好人标准：遵纪守法的人。区分好人坏人的最根本的出发点是：从法律的角度来评判。如果一个人是心理变态的杀人狂，但对自己的妻子百依百顺，关爱有加。我们也很难断言这个人是好人。即使他对自己的家人很好，我们也不能因此说他是好人，我们应该从大部分人的利益作为出发点，而不是拘泥于小部分人的利益。

法律是最低限度的道德，法律是为保护最广大人的利益而制定的，如果一个人已经违背了法律的要求，那无疑是侵害了大部分人的利益，无疑是违背了道德的要求。这样的人，我们怎么能说他是好人呢？

第二个中等标准是：了解他的父母。父母是孩子最好的老师。一个人的成长成才和父母有很大的关系，如果他的父母是性情暴躁的人，他也很难是一个温文尔雅的人。同样的道理，如果他的父母都是知书达理的人，他的孩子自然也不会很差（排除社会上的不学无术的富二代）。所以看一个人的品行、性情，还是要去看他的家庭环境和家庭氛围，以及他的父母。（这一节内容在《家庭教育不是钱的问题》一文中阐述过，在这里就不过多叙述了）。

第三个高等标准是：周围人的评价。要知道，众口难调。一个人想要在周围的所有人口中获得好的评价是很难的事情。因为每个人的价值观是不同的，看待事物的角度也是不同的，所以评价一个人的标准也是不同的。如果你想了解一个人的人品怎么样，问他身边的好朋友，那答案自然是说这个人是个无敌的大好人，如果问他的仇人，答案自然也很明了。

所以，评价为人好坏的最高标准才是去问周围的人。而且你也不要完全听信于周围人的评价，周围人的评价只能作为借鉴，真正要相信的是你的内心，是你的信仰。如果你觉得这个人真的是一个善良、正直的人，即使有那么一两个人说他是坏人，你也不要听风就是雨，而是要坚持自己的看法。当然，如果十个人中九个人都说他不好，那你就要反思一下你看人的标准是不是出问题了。或许这个人真的没有你想象的那么好。

最后，给完美主义者说一句话：不要对自己要求太高。人无完人，我们不要给自己定太高的标准，我们也没办法像人民币那样让所有的人都喜欢你，毕竟我们只是一个很普通的个人。

给完美主义者讲个故事吧。

2015年的时候我在上海一家餐厅吃饭，这家餐厅是韩寒旗下的。恰逢有两个明星在这家餐厅拍戏。为了避免粉丝之间的矛盾，我们就用A小姐和B先生来代替吧。这两位明星都有强大的粉丝群。

演戏的当天，可能是由于A小姐的经纪人并没有告知她的粉丝A小姐会在这家餐厅拍戏，所以餐厅里并没有A小姐的粉丝，反而挤满了B先生的粉丝。这些粉丝多数是女性，她们对A小姐好像不太喜欢，在A小姐去卫生间的途中当着A小姐的面说："你看A小姐长得这么丑，鼻子都是歪的，还好意思和我们家B先生拍戏……"可想而知，明星A小姐当时的心情是怎样的。

其实在我们普通人眼中，A小姐是当红女星，容貌气质皆佳，即使放在人群中也异常显眼。可是即便是这样美丽的A小姐也照样会被别人指指点点、议论纷纷。

所以，无论你多么追求完美，你都要知道：你无法去讨好一个原本就不喜欢你的人，即使再努力也只能让对方觉得你是"虚情假意"。当然也有那种情况，就是原本对方对你是有误解的，在你一番努力后，他打消了对你的误解，开始接纳你。但大部分的情况是，总有那么一两个人就是无缘无故地讨厌你，无论你做什么他都讨厌，碰到这种人我们就不要再想方设法地去改变对方对我们的看法了，这着实是愚蠢之举，你所要做到的就是做好自己，开开心心地过每一天。如果你总是为了别人口中的自己而活，到头来只能是学个"四不像"。

不是上帝不给你开门，是你没找到钥匙

　　莎莎是我的大学同学，毕业那年她被保送了本校的研究生。按照常理来说，她应该没有什么大的烦恼，可是有一次她约我吃饭，情到深处，说出了一番推心置腹的话。大意是她认为自己现在的状态很颓废，不知道自己适合做什么，感觉做什么都不行，没有什么适合自己的工作，面对日益增大的生活压力，她选择了逃避，而逃避的唯一途径就是看电视剧，每天一集一集地看着那些肥皂剧以此来躲避现实的烦扰。听完她这一番话，大多数的人都会给莎莎定性为自卑。

　　其实不然，了解莎莎的人都知道莎莎不是自卑的女孩，她与人为善，爱笑，是那种没有心眼掏心窝子对你好的姑娘。而如今她说出的自己种种为难，只能说明一个问题：她迷茫。

　　迷茫是一种手足无措的感觉，不知道自己适合什么，也不知道自己能干什么。其实大多数的年轻人都会有一个迷茫期，多半是在毕业的时间段，不知道自己是去做销售还是去考公务员，不知道自己是回到家乡的小城市还是去向往已久的大城市，不知道自己是考研还是出学校工作，不知道是该分手还是该继续谈着……

　　其实迷茫背后隐藏着的真相是：害怕。我们害怕选择错了，害怕多年后的自己也会说出"如果当初我……就……"之类的话。但大多数人在迷茫期里最终都会做一个选择，因为现实的脚步会推着他不得不做出决定。

　　莎莎是属于迷茫感比较严重的人，严重到都没有两个备选项来供她选择，所以导致了她最终会选择看电视剧的形式来逃避现实。饭吃到最后，莎莎长叹一声："我该怎么办？我是不是废了，什么都做不好！"

　　往往我们问出该怎么办的时候，有两种可能性，一种是自己心里已经有了一定的想法，只是需要再咨询下身边的人，如果得到与心里的答案相似的肯定，我们就会义无反顾地去做，如果得到的不是同样的答案，也没有什么太大的影响，我们还是会遵循内心深处的呼唤。另外一种可能性是，内心真的没有任何的想法，真的不知道该如何去做，急需一个人的指点。莎莎属于后者。

　　而属于后者的人伴随着也会产生"上帝关上了我一扇门"的想法，认为上帝不公平，让自己无路可走。其实这真的跟上帝没有什么关系，上帝没有关上你的门，而是你的门从来就没有打开过。

　　每个人都想打开通往幸福的门，也想打开事业成功的门，但是总是会被无情地拒之于门外，而被拒之门外之后的我们听信了"上帝关闭了一扇门，必将留下一扇窗"的说法，所以又开始马不停蹄地去寻找窗户，殊不知窗户也是锁着的，于是义愤填膺地喊出："上帝走的时候顺道把窗户也锁了。"其实事实根本不是这样的，事实是：门一直是锁着的，有钥匙的人能把门打开，没钥匙的人只能在门口默默地等待，而站在门外的你此时需要找的不是窗户，而是门的钥匙。如果没有钥匙，你可能永远也无法通向幸福的彼岸。

　　钥匙是什么？就拿莎莎的故事举例吧，莎莎现在就被困在了上帝的门前，她不知道该如何面对自己的生活，也不知道自己能做什么，她把打开大门的钥匙弄丢了。她该如何找到钥匙？

　　首先，她需要知道自己的兴趣是什么？其次，她要知道自己的特长是什么？最后，她要清楚自己能做什么？

　　兴趣是工作和学习最好的老师。当你将喜欢的事情当作工作，你会觉得工作的时间过得很快，你会自愿地选择加班。现如今，很多人都在抱怨工作太辛苦。每天工作只要超过8个小时，大家就会要求加班费，并且觉得心里很不满意现在的工作。

这种心理现象的产生多半是因为：第一，你确实不喜欢这个工作。第二，你是在为别人工作。只有你把这件事当作别人的事情的时候，才会凡事斤斤计较。你会计较工资是否太少，是否每日让我加班等等，但当你在为自己做事的时候，你就不会再计较这些细枝末节了。

就像你去政府办事一样，如果是办自己的事情，跑几趟你都会去的，因为是为了自己。如果是办别人的事，你跑两趟就会感到厌烦，若对方又没有给予一定的经济报酬，最多跑三趟就会告诉对方："你的事情办不了，别人不给办。"

想要摆脱迷茫感的莎莎首先要去选择一件她喜欢的事情，并且愿意将这件事情当作自己的事情来对待，以至于能够成为她事业的事情；其次要知道自己的特长是什么，擅长做什么，有没有一技之长。

生活中，光有兴趣是不够的。如果你没有与人交往的天赋，就不要强迫自己去做销售，何不学一门手艺做个幕后的蓝领；如果你擅长弹琴跳舞，就去舞蹈室当个舞蹈老师，不要强迫自己一定要考上公务员，坐在办公室里一天8小时一动不动；如果你已经考取了驾照，就一定要去练习开车，千万不要让驾照成为一张废纸存在柜子的最深处。

最后是要弄清楚此时此刻的你能做什么。这句话的意思就像古人常说的，做事要讲究天时地利人和，光有天时地利没有人和也是不行的，此时的你可能只有20多岁，正是人生的起步阶段，纵使你有十八般武艺，可能也缺乏一个展现才艺的舞台，20多岁的年纪往往涉世未深，平台和人脉都很有限，这时候的你如果想利用自己的才能开一家上市公司，这种想法往往是不现实的，所以当你弄清楚自己擅长的事情和喜欢的事情以后，你就要分析一下眼前的境况，弄清楚自己此时能做什么。

在吃饭的过程中，我也给莎莎说了这三点，根据这三点我们套用了一下她现在的状况。刚开始，莎莎不知道自己喜欢什么，那我就用排除法问她："你不喜欢什么？"在一番排查之后，我发现，莎莎不喜欢当老师，不想考公务员，不想做销售，不想做人资和行政的工作。

然后我又问她："你现在有什么一技之长？"

莎莎想了很久告诉我："我去年考了心理咨询师。"

听完这句话我又折回到第一个问题上问她："你喜欢心理咨询这个工作吗？"

莎莎听完这个问题明显一愣："我从来没有想过这个行业，我考这个心理咨询师证，是因为当时看到同学在考就跟着考了。其实现在想想，心理咨询这个工作应该很有意思。"

"最后我们再来分析一下你的现状，看看你到底能做什么？"

莎莎目前研究生未毕业，但是业余时间很多，在考心理咨询师的过程中认识了很多同道中人，也认识了几个心理医生。莎莎在目前上学的阶段最适合做的就是兼职或者是实习生。

从以上的分析中，我和莎莎最终得出一个结论：去做心理咨询师的实习生。因为对这个感兴趣，又有大把的时间，最主要的是目前也有了从业资格证，还认识了心理医生。这样的客观条件完全可以去做个心理医生手边的实习生。

这一顿饭的时间，可能并没有让莎莎从茫然的状态中走出来，但是最起码让莎莎知道自己可以做什么，也让莎莎找到了打开上帝紧关着的大门的钥匙。如果莎莎能够打开这个大门，我想剩下的路就会好走得多。

孝的定义大有不同

看到这个标题，你会觉得我这篇文章涉及的范围非常大，像一篇论文一样冗长。

其实，我只是以一个很小的切入点来说"孝"而已。

当南子在我面前再一次提出"中国人没有信仰"的时候，我怒了。我拍了桌子大喊一声："你等着，我去问我老师去。"

我的老师是研究生导师，我向他请教了中国人信仰的问题。

我把南子的原话向老师重述了一遍。老师笑了笑说："你不是第一个提出这样问题的学生。来，你坐到这里，我给你讲一下我的观点。"

"首先，我想问你：'你觉得什么是信仰？'"

"类似宗教一样的东西吧，让人一直相信它，愿意为了它做任何事，并且不会改变。"

"按照你的说法，中国也有宗教信仰啊。"

"但是，中国的宗教是：宗教信仰自由，人们可以信宗教也可以不信宗教。法律并没有要求所有的人都信奉它。"

"信仰不仅仅说的是宗教，而是我们坚持的一种理念。宗教或政党只起了催化剂的作用。"

"那中国人的信仰是什么？"

"是孝。孝是中国人的信仰，中国人在国外经商可能会面临诚信的指责，但是中国人自古延续的孝却是受万人尊敬的。无论你是教授、民工，还是领导，你都会尊重父母的意思，听从父母的教诲，父母的言传身教往往是我们学习的典范，父母的思维模式往往会延续到我们的身上，我们子孙一代一代地繁衍更迭，孝却成为传统文化源远流长。"

老师停顿了一下接着说："所谓'百善孝为先'，就是反映了中华民族极为重视孝的观念。因此孝对我们来说是很重要的精神支柱。由孝衍生出的词汇也很多，如：孝顺，孝心，孝道，孝敬等等，不要小看孝后面加的这一个字，多了一个字就让孝这个词产生了不同的解释，而我说的信仰只是单说孝而已。"

老师给出的"中国人的信仰是什么"的解释很独到，解开了我多年的困惑。但"孝"这个字却引发了我更多的思考。

什么是孝？子女要怎么做才算是孝？

以前我们看过很多公益广告，大意是说：子女成年后常年在外工作，不能回家照顾父母，缺少陪伴的父母在晚年的时候成了"空巢老人"，甚是孤独。广告呼吁大家常回家看看，并主张孝不仅仅是给父母寄钱，更多的是一种陪伴。

很快，"表达孝心就要多陪伴父母"这一衍生理论迅速占领了市场导向。我也即将全面赞同这一理论。但就在我认为"孝等于陪伴"的时候，我看到了一篇文章，文章大意是说："没有经济基础支撑的孝心是无力的，没有金钱做基础的孝只能是一纸空谈，父母看上的衣服因为吊牌价格太贵不敢买，父母想去旅游的城市因为口袋缺钱而不敢去，父母想做的任何一件事都会因为钱而望而生却。这样的情况下，你再去谈孝就显得无足轻重。"

一番"经济基础决定孝心"的理论让我即将认同的同时也感到了迷茫，到底什么是孝？

经过我多天的思索和向各类人群的询问，我终于得出了自己的结论：

孝的定义大有不同，孝是因人而异。

孝和我以前提到的爱情是一样的，没有什么万能模板可言，每个人的人生轨迹不一样，遇到的人不一样，发生的故事不一样，所以对人生的感悟也是不一样的。

哲学告诉我们："碰到事情，要具体问题具体分析，要求人们在做事、想问题时，要根据事情的不同情况采取不同措施。不能一概而论。"

孝也是一样的，我们要根据不同的人群，不同的年龄段进行划分，做到具体问题具体分析，因人而异。

在阐述我的观点前，首先，我要说明一个问题：无论你是哪个年龄段的人，你都有孝的义务。其次，我以年龄阶段为出发点，分阶段地阐述"孝"。

如果你现在是一名学生，还在依靠着父母的经济支持生活，就先不要着急用钱来回报自己的父母，因为挣钱并不是你这个阶段能完成的事情。你现在主要是把时间花费在学习方面，你要在特定的时间里完成特定的工作，在记性很好的青春年华里完成自己的学业。因为时间对我们每个人来说都是公平的，你把时间花费在哪里，时间就会在哪个领域给你回报。所以不要着急用学习的时间去挣钱，这样你会学习、挣钱两边都顾不上，以至于最终钱没挣到多少，学业也荒废了。同时，你也要兼顾在成长的过程中培养良好的性格及品性，做个懂礼貌、晓事理的人。

作为一个学生该如何表达孝心呢？学生时代的你，父母应该都还年轻，工作也比较繁忙，所以就不需要你整日的陪伴，也不需要你拼命地挣钱。在中国"学生以学习为主"的氛围中，你能做的就是全身心地投入到学习中，用成绩来回报父母。在学习的闲暇时间你要力所能及地帮父母做一些事情，比如做家务，比如帮你个体户的妈妈经营下店里的生意等等……

不要顶撞忤逆你的父母。上学时候的你可能正处于青春期，自己的想法也比较多，对未来也充满了迷茫，并且对父母老一辈的思想有很多不赞同的地方，他们向你传播的思想你感到非常老旧及厌烦。但是，如果你直接地顶撞他们，即使你的理论赢得了他们的退步，但是你的话语会深深地刺痛他们的心，让他们觉得自己养的孩子终有一天会不听自己的话，深深的挫败感比辩论的失败感更让他们伤心。

当你需要向他们展示你的理想和思想的时候，请用耐心的语气来陈述自己的观点，记住"有理不在声高"。如果他们一时不能接受你的观点，也请不要急躁，做好长久战的准备，利用生活中的闲暇时间时不时地向他们阐述下自己的观点，以此将自己的思想慢慢地渗透到他们的生活中去（就跟传销洗脑一样）。世上没有一个父母是不爱自己的孩子的，也没有一个领导是不支持有梦想的员工的。所以在你的长久坚持下，作为领导你的父母会被你的真情和实力以及坚持所打动，最终同意你的想法。

不费一枪一炮，你就赢得了胜利。

作为一个刚毕业的学生该如何表达自己的孝心呢？刚刚迈出校园步入社会的你对生活充满了幻想和迷茫，刚刚展开的工作也并不能给你带来丰硕的财富，甚至于养活自己都是问题。以前儿时说过的话"妈，等我长大了，我养你"，今天却成了一记响亮的耳光落在了脸颊。没有钱，不敢给父母买衣服买礼品，甚至于回家的车票钱都是父母垫付的。

其实，你不必太过于关注于钱，因为不只是你知道自己穷，你的父母也知道你穷，他们没想过你一工作就要帮忙补贴家用，也没奢望你一工作就能月入百万。他们只是希望参加工作了的你能够独立地养活自己，有生活的能力，身体健康，每天工作得开开心心而已。父母养子女多半已经不像"文革"那会儿需要你去给他养老了，他们有自己的退休工资，他们只是希望儿女健康并且不要再来"啃老"就好了。

如果，此时的你已经工作了5年以上，那么钱就成为你表达孝心不可替代的东西。工作5年以上的你多多少少有了自己的存款，即使不多也够给父母买件衣服，买个冰箱。即使目前的你依然要背负着房贷、车贷和娶妻生子的压力，你也可以拿出一小部分的钱给爸妈，让他们买点自己喜欢的东西。

其实，给钱也是有讲究的。心理学表明：当你一次性给你父母一笔整钱的时候，如10000元、50000元这样的数字时，父母多半不舍得花掉，而是会选择把这笔钱存入银行。但是当你零零碎碎地给父母钱的时候（如500元、2000元），父母多半会拿这些钱去买自己喜欢买的东西。就像你往往会拿年终奖去买心仪已久的东西而不用月基本工资去买是一个道理。我们潜意识里都会认为整钱就应该被存起来，零散的钱却是一笔额外收入，就应该用来买喜欢的东西。

所以，如果你真的希望你的父母能够吃点好的，用点好的，除了将吃、穿、用的东西直接买来给父母外，其次就是分批次地给父母一些零用钱，让他们自己去买喜欢的东西。

如果此时，你的父母已经年过古稀（70岁）或者年过花甲（60岁），钱对他们来说就已经是身外之物了，在他们眼中钱只要够花就行，他最渴望的是亲情和健康。这时候作为儿女的你就需放下手头的工作，多多陪伴自己的父母，给他们做点可口的饭菜，陪他们看看电视，去广场跳跳广场舞，让孙子和老人多待在一起享受天伦之乐。

我知道，中国人总是很忙的，一天8小时的工作时间，晚上有时候还要加班，没有太多的时间陪伴父母，陪伴子女，甚至有些游子常年远漂在外，一年只能回家一次。

但是，根据世界卫生组织公布了该组织对192个成员国居民健康寿命的预测及排名顺序，预测出的健康寿命已减去居民一生中可能罹患疾病的时间：日本人均年龄位居第一，居民平均健康生活时间74.5年。中国排名第81位，在发展中国家位居前列。以此推算，我们的父母的健康寿命一般为70周岁左右，而父母年过花甲（60岁）后，你也只有短短10年左右的时间和他们相处，在这期间如果你再不多陪伴他们，照顾他们，那作为一个出行不便，身体健康欠佳的老人，晚年的生活是多么的无趣。

我们作为年轻人或者中年人，不能太过于自私地认为自己的压力太大，工作生活节奏太快，每晚要应酬吃饭，以至于认为没有时间陪父母是正常的事。其实，工作久了的你会发现，工作就像一场没有尽头的马拉松，永远都没有终结之日。今天的你加了3个小时的班也不见得就能让明天的工作变得少一些。所以，工作是做不完的，而父母的寿命却是有限的，他们没有办法等到你把所有的工作做完再老去。

人的欲望总是无所止境，我们住了100平方米的房子后就在幻想住300平方米房子的感受；我们开了10万元的车时又开始想象开20万车的感受，因此我们开始无休止地努力和奋斗，拼命地挣钱。可是你的父母呢？在70岁父母的眼里，只要儿女都在身边，住在100平方米的房子和住在300平方米的房子是一样的；只要儿女都在身边，坐10万元的车和20万元的车也是一样的。

其实他们并不贪心，只是希望你能少跟客户打点电话，多跟他们聊聊家常；只是希望你能少点吃饭应酬，多回家陪陪他们看看电视。他们的要求就是这么简单。

网上总在说一句话：请对自己的狗好点，因为你的世界有很多人，它的世界只有你。听起来多么温馨的一句话，让你感动得每天早起晚睡地去遛它，给它买衣服买狗粮。但是，你可曾想过要对你年过半百的父母好点，因为你的世界还很精彩，他们的世界可能只有你了。

关于爱情

现在的绅士，以前的渣男

绅士，这个词会让人联想到英国男士在公众交往中风姿优雅，彬彬有礼和富有教养的印象。而现在的20多岁的男生多半也在绅士的路上匍匐前进着，多半能够做到吃饭前为你扶椅子；手上沾了东西时为你递纸巾；陪你逛街时替你拎包；看你穿高跟鞋走路多了会主动背你……

做到这些细节的男生多半会被赞誉为"绅士"。而能做到这些细节的男生多半是由两个原因造成的，要么是小时候家里的教育，父母言行举止对他产生的影响（这类内容我在《家庭教育不是钱的事》中阐述过），要么就是他前女友教得好。

为什么说是前女友教得好，我先来讲一个我前姐夫的故事。我大姐大学毕业后回到了家乡，通过自己的努力考取了公务员，并且在一次同学聚会上认识了他的第一任老公，在一起的日子总是有些磕绊，但也能凑合着过。时间一长，就到了谈婚论嫁的年龄。说实话，舅妈是反对的，但耐不住大姐的威逼利诱，最终只能妥协。婚后的生活正如舅妈当初预言的那样，过得很不好，因为大姐夫为人心眼很小，婚宴上就曾因为两家亲戚在一起谁多喝了几杯谁少喝了几杯而起过争执，最后还想动手打他的岳父，可想而知我大姐夫是多么的暴躁。

婚后琐碎的生活也极易让大姐夫暴跳如雷，比如大姐早上起来声音大了吵着他睡觉了，又比如谁该给鱼换水了，都可能引起大姐夫对大姐的拳打脚踢。在如此的摧残下，我大姐最终选择了离婚。

当然，我大姐因为相貌较好，工作不错，学历也尚好，很快又再婚了，结婚对象是他们同单位的一个男生。巧合的是，当初我大姐和前姐夫结婚时，是这个男孩给她开的头车。缘分就是如此奇妙，婚后两人很幸福，今年有了自己的小孩。

我前大姐夫家里是农民家庭，他从小就是看着爸爸打妈妈长大的，在他心里，男人打女人是很正常的事情，他的观念是"三天不打，上房揭瓦"，他认为严厉管教下的老婆才能安心跟你过日子。所以从小的家庭教育导致了他现在这个可怕的性格（在此也佐证了《家庭教育不是钱的事》一文的观点）。

大家其实比较关心的是我前大姐夫离婚后的生活。如果他不改掉自己易暴躁爱打人的习惯，很可能就像橙子先生一样谈一段恋爱就分手，所有的现任都会变成前任的结局。

由于我们这个城市很小，想打听一个人的消息其实很容易，从他人口中我得知了他的现状。离婚后的他很可能意识到了自己的错误，在别人的介绍下，他也找到了新的女友，这次他对新女友的态度有了转变，不再对她拳脚相加，也知道天冷了去接她下班，也不会再因为对方的小错误而恶言相向。日子过得倒也安稳。可是她的新女友并不知道我前大姐夫以前的事情，因为好面子的他从未和别人提过这件事。我想，在他的新女友心里，这个男生应该可以划分到绅士一列吧，如果她好奇前大姐夫为什么会离婚，看其最近表现多半也会认为是女方的错。

所以，你现在身边的那些表现得很绅士的男生，除了是父母教得好以外，多半是前女友教得好。他在上一段感情里因为下雨天没有接对方而吵过架，聪明的他在和你谈恋爱时就会谨记下雨天要去接你这一"真理"；如果他在上一段感情中因为和别的女孩发过暧昧短信而导致了分手，多半在下一段感情中就会避免这类事情的发生（但也排除那种人品极差的人）；如果他在上一段感情里因为没有给对方买生日礼物而大吵过一架，那在这段感情里他很可能会记住每一个值得纪念的日子。（但排除像橙子

先生那样分手以后仍然没有意识到自己的问题的男生）

最近很多网络上的网民都在讨论一个问题：做男生第几任女友最幸福？答案是第三任。因为，第一任是初恋，多半是刻骨铭心，但不懂得如何去表达爱，是懵懂的、无知的，多半是彼此痛苦的分手；第二任多半是对方更爱你，结局也多半是男孩不懂得珍惜导致分手，这时的男孩已经开始反思自己，并且开始在爱情里慢慢成熟。而作为他的第三任，就可以享受到"前人栽树，后人乘凉"的福气了。

现在，我们用辩证的角度来看看你的现任男友，如果他目前处于一个不懂得关心人，心眼小，为人还小气的角色，也不要着急地放弃他，因为你的言传身教可以影响他，改变他，让他慢慢变成一个理想化的情人，但是如果他真的是"朽木不可雕也"的渣男，那只能忍痛割爱地放手。

我记得妍曾说过这样一句话，很有意思："轩杰（妍的前男友）就像是一棵大白菜，我就像是一个农民伯伯，我俩的爱情就是：农民伯伯在春天种下了一颗大白菜的种子，在自己精心的栽培下，大白菜茁壮地成长着。可是到了丰收的季节，大白菜却让猪给拱了。"

曾经妍的渣男男友或许此时正是别人眼里的暖男男友，这个道理你懂了吗？

房子到底写谁的名字

看到这个标题就知道这篇文章是写给准备结婚的年轻情侣的，顿时会觉得又是一篇讲大道理的文章。是的，现在这个年代已经没有人喜欢听大道理了，大家都喜欢听点贴近生活比较实际的东西。正所谓大道理人人都懂，小情绪难以自控。

其实我这篇文章不完全是写给准备结婚的年轻情侣的，也是写给已经有了婆婆的儿媳妇的，更是写给职场上的白领的。你可能会问怎么涉及了这么多个领域，那就让我一一来说明吧。

先来说些跟准备结婚的年轻情侣切实相关的事情，那就是房子的房产证上写谁的名字。每个人都会碰到自己的真命天子，走入婚姻的殿堂，最后双宿双飞。可是作为一个中国人，你想要双宿双飞就必须要有自己的房子，要不然女孩的父母不会把姑娘嫁给你。有时候处于适婚年龄的男孩是非常羡慕蜗牛的，主要是因为蜗牛天生就有一个随身移动的房子，从来不会担心住在哪儿的问题。

岳鹏就是这样一个羡慕蜗牛的男孩，他今年25岁，有一个谈了2年的女朋友，两人感情很好，已经到了谈婚论嫁的地步，但是房子却成了两人通往幸福婚姻的绊脚石。岳鹏的家里拿不出来买一套房子的钱，如果非要买房就只能用父母现在所住的这套房子贷款。为了能让岳鹏顺利地结婚，岳鹏的父母最终以老房子抵押贷款的形式付了新房70%的首付，将近60万。这时岳鹏的父母已经掏不出装修的钱了，所以岳鹏和自己的女朋友商量，想让女方家付装修款20万。女方的父母对此召开了家庭紧急会议，最终商量出两套方案。

第一套方案是：希望男方通过自己的努力解决房子的所有问题，也就是说新房的装修和购买都由男方承担，房产证上不写女方的名字，房子属于婚前财产，如果离婚不进行财产分割。第二套方案是：女方家会承担装修款20万，但房产证上需写上女方的名字。

岳鹏得知这一会议结果后，及时转告给了自己的父母。岳鹏的父母听闻此方案后也召开了家庭会议。针对女方家提出的方案，岳鹏家提出了进一步的解决方案。岳鹏家目前已经拿不出来额外的钱了，所以全款装修的第一套方案否定，就第二套方案来说，岳鹏的妈妈觉得如果女方只用20万装修款就在房产证上写了名字，感觉自己是有些吃亏的。所以提出在第二套方案的基础上增加一条：女方需为婚姻购车，车的价格在20万元上下浮动，如此便可在房产证上写上女方名字。

女方的父母得知这一结论多少有些不满，觉得岳鹏家在跟自己讨价还价，弄得像是自己在"卖"女儿。两家父母在尚未成为亲家的时候就堆积了对彼此的不满。

最终，因为岳鹏和其女友的调和，两家达成共识，按女方提出的第二套方案进行，女方出的装修款20万计入房屋总额。但是如果双方离婚，房屋要按出资比例进行分割，而不是对半分割。两人最终在这样的"友好协议"下进入了婚姻的殿堂。

可能很多人听完这个事情都会觉得不可理喻，干吗要把财产算得这么细，就像很多人不能理解婚前财产公证一样，总觉得将感情放到钱的层面来谈太过于伤和气。但是对于学过法律的我来说，我比较赞成他们这件事先签订"友好协议"的做法，也比较赞同双方在婚前进行财产公证。

因为我见过太多结婚的时候你侬我侬，而一旦离婚的时候却为了几千块钱的家电而大打出手的年轻夫妻。他们有的甚至只有半年婚龄。只有一对来离婚的年轻夫妻让我印象深刻，他们是90后，结婚一年，有一个一岁半的孩子，离婚的时候来找律师写房屋分割的协议。两人一起去律师事务所进行咨询，期间两人谈笑风生，真的让人看不出来两人感情出现了问题。除了这一对夫妻，我见过大多数的夫妻皆属于离婚时会为了财产不惜一切代价。

结婚该怎么结？除了那种可以全额拿出车和房的男方，大多数家庭都会面临着：房子写谁的名字的问题；或者是谁家来买车的问题。不论是男方的父母还是女方的父母心里都有杆秤，都在盘算着该如何做这块蛋糕，也在盘算着该如何分这块蛋糕。谁都不愿意丢了面子，谁都不愿意吃了亏。

该怎么办呢？房产证上该怎么写名字呢？女方父母能在要求男方有车有房的立场上退步吗？男方父母能要求女方承担房钱吗？年轻的情侣该怎么解决这些问题呢？这一连串的问题归根结底是钱的问题，但是又能怎么办呢？钱的问题毕竟是大问题，关键的时候能让双方反目。

家境一般的情侣为了避免这种问题，第一个办法就是在谈恋爱的初期就告诉对方关于结婚时财产如何分配的意见，好让对方有心理准备，如果对方不能接受，也就省去了谈恋爱的费时费力。不过也有一种情况是因为当时对方正在猛烈地追求你，所以你提的所有意见他都能接受，但是在一起时间久了以后，原本埋藏在心底想法的本来面目就日渐显露，当初认同你的观点瞬间被推翻，一切又回归到零点。

第二种办法是像岳鹏的父母一样，采取双方协商的办法。这个办法的实施需要情侣本身发挥出最大的作用，调和好彼此父母之间的冲突，如若调和不好，很可能一拍两散。

第三种方案比较露骨。为自己利益着想的男方父母，既不想让女方来分割这套作为结婚用的婚房，也不想让女方空手就住进新房，既然如此，只有男方先前辛苦一点，自己想办法将房子的一切事宜解决，包括房款、装修和家电，这样一般明晓事理的女方也不好再为了房子产权的问题与男方产生冲突。女方可在女儿出嫁的时候全额购一辆车作为婚前财产，也可作为嫁妆。但是这个方案的不利点在于：车作为消耗品，并不能像房子那样有保值增值的功能。同样，女方也可一次性给出嫁的女儿几十万以此来作为陪嫁的嫁妆，但是即使这几十万作为婚前财产归到了女方的名下，你也着实不能保证女儿在婚后有了孩子还不拿这几十万用于婚后的共同支出。

当你把一切都放在桌面上精打细算的时候，你会觉得如此的烦心，好似无论怎么算都会有吃亏的地方，所以有些东西是不能细算的，就像西瓜小姐曾经跟我说过的一句话："别把自己活得太明白了，结婚如果是为了钱，那我只想问你真的想好要和他结婚吗？你对你的婚姻如此没有安全感，真的想好能步入婚姻的殿堂了吗？"

很多人会说，结婚，房子写谁不重要，重要的是日子要过好，日子过好了，房产上名字的问题就不是问题了。其实说这话的时候，我仍然没办法确信我此时身边的这个人在十年以后会变成什么样，我也实在不能保证十几年后的那个爱我的男孩会不会因为离婚分割财产的事情和我闹上法庭。

你可能会说我太悲观，那是因为我是学法律的关系，我遇到过很多类似的案件。有一个女人叫梅子，18岁时在北京认识了现在的老公余力。两人到了谈婚论嫁的地步，准备结婚事宜。双方家里条件都很好。余力的父母为了两人的婚事当即拿出100万付了房子的首付，房产证上登记的是余力的名字。两人结婚后，梅子的父母觉得不能让男方家小瞧了自己，所以将房款剩余部分200万一次性还清。

梅子和余力在结婚10年后通过自己的努力挣了些钱，所以就把当初的婚房对外出租了，共收益50万元。又过了两年，梅子和余力和他人合伙开公司，将该婚房的使用权进行了公司入伙，公司盈利分得了80万元。到了2015年该婚房的价格由当初的300万上升至800万。这时候两人的感情出现了裂痕，要求分割财产。

很复杂的一个故事吧，结局也很悲惨。根据婚姻法的相关规定：

第一，首付的100万元归余力，因为是婚前男方父母对男方的单方赠予，不参与到财产分割。

第二，后期梅子的父母为梅子和余力还的贷款200万元，作为梅子和余力的婚后共同财产，梅子和余力可进行分割（因为婚姻法规定，婚后一方父母对一方子女进行的赠予如果没有明确表明是赠予单方的，视为赠予双方）。

第三，婚房进行出租所得的50万元归余力。因为房屋的产权是余力。

第四，使用权入伙所分得的80万元归余力和梅子共同所有，属婚后共同财产，需双方进行分割。

第五，房价最终上涨的500万元归余力，因为房屋登记在结婚之前，产权属于余力的婚前财产。

最终的结局就是，梅子投入了200万元和几十年的感情，离婚时却只得到了140万。还亏了60万。这个案例让人唏嘘。现在的年轻姑娘都知道要学会理财，都知道投资有风险，需谨慎。而婚姻就是最大的投资，为什么不谨慎点呢？

不能说我们年轻女孩物质，而是我们年轻女孩无知，默默地奉献了几十年光景后，说不定得到的下场就和梅子一样。我写这篇文章，不是说要让每个年轻人结婚前精打细算，而是要告诉你们，婚姻就是一场投资，要想获得收益不赔本，是需要进行分析和预算的。

为了感情就匆匆结婚的行为是盲目的。因为此时的你实在没有办法预测到几十年后的生活。为了日后能够有一个更好的生活保障，结婚前我们还是要以防万一，做好防范措施。

我在这儿所要强调的只是：一定要想清楚你这段婚姻是为了什么？也一定要明白你此时的决定会为你的未来带来什么？有些东西我们还是活得理性点好，这都是为了以后不会因此而流泪。

但是我也不是要你变成一个一味追求物质的女人，一定要注意好这个度。

再来说说婆媳之间的关系。婆媳问题既没有电视剧里演的那么可怕，也没有你想象中的那么简单。

中国的婆媳关系和美国有明显的不同，美国的年轻人成年以后多半都会离开家单独生活，如果你在20多岁仍然和父母同住，可能会被朋友和家人深深的鄙视。同样的道理，年老的父母多半也不与孩子同住，每个人都是独立的个人，都有自己的人生和生活。

而中国的境况与美国是有区别的。很多年轻人在二十几岁的时候依然会选择与父母同住，因为独立的房租，人际的交往，使他们每个月几千元的工资难以承受生活庞大的花销。并且由于中美文化的差异，我们也实在没办法接受婚后一直租房住的理念。我们还是会求助于自己的父母，寻求他们的帮助。

相比之下，中国父母对子女的依赖也很高。古时就有"养儿防老"的理念，就有"君臣父子"的区别。虽然现在已经是21世纪，已经有很多新颖的理念出现，但是一代一代传下来的"孝"是不能更改的，父母对子女的爱，子女对父母的孝是中国人的精神，是世世代代流传下来不可逆转的使命。

所以，当一个女人含辛茹苦地把自己的儿子养大，当儿子已经有工资的时候，当儿子该对父母表以孝心的时候，你以女朋友的身份出现了。你开始分享着他的工资，分享着他的爱。他的妈妈看到了自然而然会有想法，会对你有意见。但这并不是对你个人的意见，而是对他儿子的意见，妈妈不满意儿子将原本属于她的爱和钱都分给了你，但是她不会去责骂自己的孩子，她只会认为是你抢走了她的儿子，分享了原本属于她的一切。你是强盗，是教唆犯。

如果这时候女朋友能表现得大方点，能对男孩的母亲多关心点，多买点小礼物给她，多让自己的男朋友回家陪陪父母。可能男孩的妈妈还不会特别反感你，不会动不动在儿子面前唠叨："有了媳妇忘了娘。"该如何讨好你的婆婆在这里我就不过多地说了。

很多人都说单身的婆婆最可怕，因为她的精神支柱只有儿子，觉得媳妇在和她抢儿子。对于这点，你要理解，我们毕竟不是生活在美国，我们做不到只有节假日才去与父母相见。

换位思考一下，当你老的时候你会不会成为你今天的婆婆，去做着她今天做的事。再扪心自问一下，你是不是在婚后还想着让你的婆婆给你做饭，给你带孩子，甚至于给你补贴家用。我也想问一下你，你的婆婆为什么要给你做这些，她养大了自己的儿子已经很辛苦了，为什么到了年老的时候还要再养一个媳妇，再养一个孙子。现在的你拿着美国人的标准要求你婆婆，但是你拿美国人的标准要求自己了吗？要知道美国的年轻人工作后是不会再要家里一分钱的，也不会动不动要自己的婆婆来帮忙带孩子。

我也有话想对婆婆说，现在这个二十几岁的姑娘在自己家长这么大，刚成人就进了你家的门，你却要她洗衣、做饭、照顾你的儿子，并且还对他们的生活指指点点。这个姑娘嫁进了你家，是和你的儿子结婚，并不是和你们一大家子结婚。她结婚的目的是因为她爱你的儿子，她想和你的儿子过一辈子，并不是想和你过一辈子。她对你的好多半是出于感恩，因为你养大了她的丈夫，她感激你，所以她尽心尽力地对你好，帮你做家务，给你买礼物。但是你不能把这些好归为是做媳妇的义务，她没有这个义务，为什么这么说？因为法律上规定，媳妇没有婆婆的法定继承权（媳妇没有继承婆婆遗产的权利），只有"丧偶儿媳对公、婆，丧偶女婿对岳父、岳母，尽了主要赡养义务的，才能作为第一顺序继承人，才有继承权"。连法律都没有给她继承的权利，根据权利和义务平等的原则可以推导出：你的媳妇对你好真的不是义务，她对你好是因为她爱你，感恩于你。

最后归为一点，做媳妇的要体谅自己的婆婆，不要老想着婆婆在难为你，而是要看到婆婆为你洗衣、做饭的细节，做婆婆的也不要太苛责自己的媳妇，你要记得，你的媳妇没有义务做你家的保姆，媳妇对你的好是出于她的真心。其实每一个人对你的爱都不是应该的，而是她们自愿的，不要把别人对你的好当作是别人的义务，而要感恩别人对你的好。我们要多站在对方的角度上看待问题、考虑问题，不要太过于计较生活上的琐事。

何谓门当户对

今天是大年初三，南子回来了。他是我的高中同学，我们的关系一直不错。后来，他上大学去了江苏，理所当然地留在了江苏工作。每年过年的时候我们会聚一聚，聊一聊彼此的生活和近况。

像我们这样20多岁的年纪，聊得最多的就是工作和爱情。工作是各有各的难处，各有各的苦。感情也一样，各有各的版本。

"南子，去年过年的时候，你说过的一句话我还记得呢。你说'今年过年，一定要把女朋友领回来给父母看，2016年就结婚'。可是，今年怎么一个人回来了？"

"我是想领回来的，但是我妈不同意，不让带回来。"

"为什么？"

"我妈嫌我女朋友个子矮，只有1米59。"

"然后呢？"

"嫌弃我女朋友家是农村的。"

"然后呢？"

"我女朋友家住的是平房，家里有三个姊妹，父母都是农民。"

"也就是说，你妈嫌你女朋友家里穷。"

"其实也不是穷的问题，是门当户对的问题。我爸我妈不想让我结婚以后负担太大。和她结婚，她家拿不出来一分钱嫁妆，而且她还是家里的老大，我妈担心结婚后我要承担她家的经济负担，压力太大了。"

"门当户对？可是我听到的都是你妈嫌弃她家穷啊。"

"家庭条件差只是一方面，最重要的是门不当户不对。"

"怎么门不当户不对了？"

"我爸我妈是工薪阶级，我从小住在城市里，我受到的家庭教育和环境的熏陶和她不一样，她爸她妈是典型的农村人，生活习惯和生活品位完全和我不一样，我不知道该怎么和她们家的人相处。"

南子的话倒也不无道理。门当户对，是我自长大成人可以找男朋友起听得最多的词。18岁的时候当我第一次听到"门当户对"这个词的时候，因为受到韩剧"贫困女碰上高富帅"的剧情影响，觉得"门当户对"这个词是封建社会的遗风陋俗，对此嗤之以鼻。

但是当我20多岁的时候，我越来越发觉，原来韩剧里的"高富帅爱上三无女"才是虚假的幻想，现实生活往往都是"高富帅和白富美"的剧情。

在中国，从谈恋爱到结婚，都不是两个人的事情，而是两个大家庭的事情。谈恋爱谈到一定程度时，我们要去见双方的父母，看双方的父母对彼此有没有什么意见，如果没有意见，皆大欢喜，有意见的话还需从长计议。

到了谈婚论嫁的时候，我们又要去见双方的亲戚，看看亲戚们怎么评论，如果亲戚们都喜欢，那结局自然是好的，亲戚们不喜欢，很可能感情之路也就到此为止了。

中国的婆婆看媳妇，不仅仅是看媳妇，更要看媳妇后面的财力、家庭环境；丈母娘看女婿是一个道理，不仅要看小伙子长得是否帅气，工作是否好，更主要的是看其背后的家庭实力。

由此产生了门当户对的说法。

目前是有很多的年轻人对"门当户对"的观念进行着抨击，认为只要两个人的感情足够好，身份地位、金钱财力都是过眼云烟。但这种说法往往适用于美国，在美国，两个年轻人谈恋爱到结婚可能只用自己做决定就好了，与父母、爷爷奶奶关系不大。

但是那是在美国，而我们生活在有几千年文化传承的中国，我们有着自己的文化传统和习俗。

很多人认为门当户对说的是钱，觉得两个家庭的财力相当的时候就属于门当户对了。其实，这是错误的理解。

门当户对不仅仅是说的钱，更主要说的是家庭的氛围和家庭教育。两个家庭如果身份地位悬殊太大，那么他们的生活观念和追求就会很不一样。

同样是10万块钱，有的父母就觉得应该全部花掉，花掉了还可以挣回来，有些父母会觉得应该花5万存5万，这样心里会有安全感；同样是洗衣服，可能有些父母就觉得一两件衣服手洗就好了，有些父母会觉得洗衣机洗更加方便；同样的一顿年夜饭，有些父母觉得一定要在家里吃，有些父母觉得一定要在饭店里吃……

虽然都是小事，但是生活本身就是这些小事聚集起来的，小事积累多了也就成了大事。所以我们不能忽视这些生活中的小事，这些小事反应的往往都是生活品质的不同和追求的不同。而这些才是所谓的门当户对。

我有个姐姐，在杭州生活，现在已经结婚两年了。我姐夫是南航的飞行员，我姐姐以前是南航的地勤，结婚以后姐姐就辞去了地勤的工作，开了家家居用品店。

我姐姐家是有钱有地位的家庭，爸爸是上市公司的元老级别员工，家境非常优越。姐夫家里条件很一般，父母都是高中老师，并没有什么钱。但是姐姐的父母却很支持他俩的婚事。第一，姐夫的人品很好，工作很好，收入颇丰，且体面；第二，姐夫的父母都是老师，老师的文化修养、个人素质是很高的，这样的家庭养出来的孩子差不到哪儿去；第三，两家父母虽然经济情况相差很大，但是在沟通交流以及相处的过程中没有任何障碍。

基于以上几点，姐姐的爸爸是很满意这门亲事的。并不只是因为钱的事情，最主要的是无论文化素质、追求信仰、生活习性方面，两家人都非常合拍。

门当户对，如果你单方面理解为钱的等同，那是错误的。真正的般配登对，是为人处世、人情世故的等同。

如果，你的另一半家庭是富豪家庭，而你的家庭只是工薪阶级，那么你们在看待事物的角度上，以及眼界上都存在着天壤之别，别人可能正在关注股票的涨幅，而你却在关注菜市场的菜价，久而久之，你们越来越无法在一个层面上看待问题，也越来越难以沟通。眼界宽广的人自然而然地也就瞧不起你，矛盾也就日益加深。

南子说女方家条件不好，如果他所谓的"条件不好"单指钱的话，我会觉得南子的感情不纯粹，因为钱就放弃了他的这段感情，只能说南子是败给了现实。因为钱并不能成为感情走到尽头的借口，毕竟钱是死的，人是活的。只要你有能力，10年以后肯定会挣上钱。

但是，如果南子最后是因为双方的家庭观念、为人处世、追求信仰完全不同而导致的分手，这点我是能够理解的。毕竟追求信仰的不同会让原本幸福快乐的两个人矛盾日益加剧，最终彼此仇恨。

门当户对不单是财力的门当户对，更是生活追求、价值观、人生观的门当户对。钱可以通过努力积少成多，观念却是自小形成的，很难改变。

女孩们，不要再幻想着凭借美貌和身材就能进入豪门。因为，能匹配上对方财力的不仅仅是你的外貌，最重要的还有你的能力和思想。

明知是错误的爱，也要爱到底

相信看到这个题目你就知道我要说什么了，从而你的脑海里已经开始有所思考了。

先暂停，我先给你提出个新问题，你来思考下：当你的好朋友和他的男朋友或者女朋友吵架的时候，你的好朋友来找你诉苦，边喝酒边嚷嚷："我要和他/她分手。"此时作为听众的你，该怎么安慰你的好朋友。对于他所谓的"分手宣告"你该作何反应，是顺着他的话说："分，赶紧分，早该分手了。"还是劝他三思而后行，苦口婆心地说："算了，只是吵架嘛，过两天就好了。"

可能，我开篇就给你一个不好抉择的命题是不公平的，你会说因人而异，因事而异，从而做到具体的事情具体的分析。

好吧，我给你几个具体的事例，让你来分析。

第一个事例，是我的好朋友妍的故事。

妍，今年20多岁，是个警花，性格相貌都属于中偏上。妍至今为止谈过两个男朋友，一个是书中前面提到的"有钱的抠门男"。一个是让她难以释怀的同学轩杰。

妍和轩杰是警校的同学，大一就在一起了。大学四年两人形影不离，轩杰为了妍做了不少浪漫的事情，像雪天摆蜡烛、筹备生日惊喜、一同去三亚旅游、深夜站在妍宿舍楼下深情告白……诸如此类的年轻人该做的浪漫事情两人都做过。毕业以后，两人各自因为家庭的原因回到了自己家所在的城市，但是距离并没有阻断他俩的感情。两人总是会经常性地跑到对方的城市里去约会，但这也不是长久之计。毕竟距离产生的不是美，很可能是小三。两个人在经历了三年的校园恋爱，又经历了两年的毕业异地恋后，终于还是出现了问题。

轩杰在自己家所在的城市当了一名刑警。公安系统每年年终要准备节目，在排练节目的过程中，轩杰认识了一个比他小一岁的女孩。这个女孩很喜欢能说会道、风趣幽默的轩杰，每晚跳完舞都会主动约轩杰出去吃消夜，虽然女孩也知道轩杰有女朋友，并且在轩杰的微信朋友圈里经常看到妍的照片，但是依然以朋友的身份约轩杰逛街、吃饭，而轩杰好像也很享受这种打着朋友的名义做着恋人的事情的感觉。

可是，世上没有不透风的墙，关于那个女孩的事情还是传到了妍的耳朵里。妍听到这种消息，简直如同晴天霹雳，顿时不知所措。随即，妍便如同广大妇女一样直接奔到轩杰的城市大吵大闹。这样做的结果只是换来轩杰的一句："我和她只是朋友，什么事情都没有。"

妍心里有苦，找我倾诉。我了解他俩的过往，知道妍爱轩杰爱得很深，所以我劝她不要太计较，好好和轩杰谈谈，但是不要去找轩杰闹分手。而我的男朋友听到妍说完这件事情后，反应很激烈，说："这种男人根本要不成，赶紧分手。有了第一次就有第二次。"

妍没有说话，过了两个月，我们依然看到了轩杰在微信朋友圈里晒出了和妍两人的合照，妍还在下面点了赞。不由分说，妍念于两人的旧情原谅了轩杰，而轩杰也保证不再和那个女孩联系。两人和好了。

第二个事例是我好朋友小米的故事。

小米的故事在后文《他变成这样，多半是你害的》一文中会详述（男友动手打了她的故事）。虽然是小米的执拗导致的男孩动手，但是我的原则是，只要你的女人没有危及你或者其他人的生命，你作为一个男人就不能动手打女人。所以无论如何，小米的男朋友打人都是错误的行为。当我和其他的同学听到小米被男朋友打了的时候，我们都很生气，都在劝小米和他分手。

可是，过了几天，我们依然可以看见那个男孩站在小米的楼下等小米，并且两人开开心心的手拉着手，肩并着肩一起去吃饭。

第三个事例是潇洒小姐的故事。

潇洒小姐和闷葫芦先生是一对谈了8年的情侣，但是两人一直没有考虑结婚。我每次见到他俩都会嘲笑着说："八年抗战都胜利了，你俩还没结婚。"

潇洒小姐总是一脸无奈的表情看着我说："我俩虽然谈了8年，但是生活上有很多摩擦，这些不大不小的摩擦让我对婚姻越来越畏惧。"

"什么样的摩擦？"

"有一次，我俩一同去了一家新开的书店，书店装修得很漂亮，看书的同时书店还提供咖啡和饮品，甚至于还有优雅的小单间提供给读者，我很喜欢这家书店，觉得在阳光明媚的午后，一边喝咖啡一边看书，是件相当惬意的事情。可是，闷葫芦先生回到家后却因为这间书店和我大吵了一架。"

"为什么？"

"原因很可笑。闷葫芦先生说：'好好的一个周末就在书店那种无聊的地方度过了，还不如在家里看会儿电视。而且那里的咖啡竟然60元一杯，够我在家里喝一个月的了。你以后再别叫我去那种地方了，浪费生命。'当我听完他的这番话，顿时觉得眼前的这个人让我感到很陌生，我和他的价值观、人生观好似完全的不一致。只要想到要和他走完一生，我就觉得很恐怖。"

我能理解潇洒小姐的感受，毕竟观点不一样的两个人在一起是很难沟通的，时间长了，两人只会愈发的痛苦。

最终，因为性格不合，潇洒小姐仍然果断地提出了分手。结束了长达8年的爱情长跑。事后，我找潇洒小姐谈过这件事情，我的意思是："闷葫芦先生是有点小毛病，但是罪不至死。说不定还有缓和的机会，毕竟闷葫芦先生也没有出轨，也没有暴力倾向，也没有不良嗜好，所以没有必要非要分手。"但是潇洒小姐并没有听取我的意见，还是执拗地分了手。

第四个事例是文文的故事。

文文是个结婚多年的女人，今年30多岁，但是看起来却像40多岁的人。为什么她显老？是因为她家里发生了太多的事情。

文文的老公叫汉斯，是一家大公司的高管，能力很强，工作几年挣了不少的钱。但是他有一个不良嗜好，就是色。汉斯喜欢女人，尤其是喜欢年轻漂亮的女人，只要是他身边的女人，汉斯都会去骚扰一下，能得手的就拿下，不能得手的就言语诱惑一下。结婚几年下来，汉斯的婚外情多得数不胜数。为此，文文从开始的非常愤恨，到后期的无奈，再到最后的纵容。

但是，即使文文表面上忍让了，嘴上却很爱跟别人抱怨，是属于那种逢人就抱怨的类型，即使坐出租车也会和出租车司机抱怨自己的遭遇。周围的人听完文文的故事刚开始都会很同情她，劝她跟汉斯分手，但是文文就是没有分手，原因是：文文没有收入，自结婚起文文就成了一名家庭主妇。她一旦离开了汉斯就意味着切断了所有的生活来源。

文文害怕，害怕老无所依。所以无论朋友怎么劝她，她都不离婚。时间长了大家也就不劝了，甚至于听都不愿意再听了。

事例讲得够多了吧，那你现在来逐一分析吧，当这四个人在你面前抱怨感情不顺利的时候，你该劝他们和好还是劝他们分手。你先思考着答案吧。而我现在要告诉你的是他们这四个人故事的结局。

第一个故事的主角妍，这个羸弱的姑娘，在2015年的时候还是选择了和轩杰分手。导火索是轩杰这次真正的出轨了，他和当地一个富二代女孩在一起了。

轩杰和富二代女孩两人有一次去海南度假，与妍上次去海南不同的是，轩杰这次去海南度假住的是富二代女朋友的别墅，轩杰还将两人的床照发在了微博里。妍估计是所有朋友中最后一个知道这件事情的人，知道消息后的妍疯了，歇斯底里地大哭。但是她很快又冷静了下来，平静地告诉我一句话："这次不用劝了，我和他彻底完了。心已经死了，不会再痛了。"

半年以后，我再一次见到妍，聊起这件事，问她："还难过吗？"妍说："不难过了，因为我已经不爱他了，所以即使他再怎么和别的女孩折腾，我都不会感到心痛了。"

妍现在的状态还蛮不错，每次见她，她的微信都一直响不停，如今有很多男孩在追求她。自从那次歇斯底里地闹过之后，妍再也没有提过轩杰这个名字。

第二个故事的主角小米在2014年的年底选择了和爱动手的男友分了手，现在即使那个男孩再站在楼下等小米，小米也不会搭理他，彻底地对他死心了。小米为了躲避他，去了别的城市，现在也找到了新的男朋友，两人感情很不错。

第三个故事的主角潇洒小姐，她故事的结局我前面就说过了，她义无反顾地和闷葫芦先生分了手。她坚信两个人性格不合适，无论多么的勉强，都没有办法在一起。所以你无论怎么劝她和闷葫芦先生和好，她都不会和好的。

第四个故事的主角文文，在2015年的时候买菜回家推门看到汉斯和一个女孩赤裸地躺在床上的那一刻彻底怒了，拿着刀追着那个女孩跑了一站路，最可恨的是，汉斯在事发的当天晚上，暴打了文文。第二天，文文就找了律师起诉离婚。幸运的是，汉斯是过错方，且法律保护对家庭有贡献的家庭主妇，会分割一半财产给文文。文文离婚了，并且不是净身出户。

无论你刚刚选择的是劝和还是劝分，四个女孩都是以分手的方式结束了感情，我讲这四个女孩的故事是要告诉你，无论你对你的好朋友是劝和还是劝分，坠入爱河的他或者她是不会回头的，还是会一如既往地爱下去。无论你说她傻也好，蠢也好。因为她爱他，所以不管发生什么，她只是来找你抱怨抱怨罢了，并不会像你说的那样，洒脱地就分了手。

相反，当这个女孩不爱这个男孩的时候，对他彻底死心的时候，即使你使出浑身解数劝她和好，也是无济于事，她不会和好的，永远不会。

所以，你劝和还是劝分并不能对他俩的感情起到实质性的作用，真正决定他俩感情好坏的关键因素是这个女孩是否还爱着这个男孩。如果她爱他，即使明知是错误的爱，她也会坚持的。但是如果她不爱他了，即使这个男孩再好，也无济于事。

所以啊，当你身边有一个类似于上面故事的朋友，你也不用太过于着急，因为当一个人爱到心死的时候自然而然就放手了。你对她的劝导，只能起到"旁观者清"的作用。而如果此时的你正在经历着爱情的痛苦，也没关系。因为即使是错误的爱也会有个尽头，当你承受痛苦到一定程度的时候，自然而然就会想明白了。只要不违法，人生经历点痛苦也是正常的。

爱 与 被 爱

这是个亘古不变的老话题，今天为什么要谈这个话题，是因为我的一个年轻同事开口向我提了这个问题，事情的起因是这样的：

我有一个同事今年28岁，身材相貌都不错，家里也给买了房子，自己准备贷款买车，按理来说这类人是不缺对象的，可是不知道为什么他却一直是单身。今天一同下班回家，路上聊起这个话题，自然就像开了闸的洪水，无法收住。期间聊的很多问题，都是我在前几篇文章阐述过的，比如房产证上写谁的名字。当我告诉他我的看法时，他大呼："终于找到老师了。"随即又问了我几个别的问题，比如：爱情里女生该不该主动；什么样的女孩才是合适的对象。其中最让我产生深刻思考的问题是：当你碰到一个你爱的和爱你的女孩的时候该如何选择。

对于这类古老的问题，我的答案是：一定要找一个你爱的也爱你的人，绝对不要迁就。他说："你不要跳开我这个问题的范畴，只能在爱你的和你爱的人里面选择。"

"为什么非要这么极端呢？"我好奇地问他。

"因为我现在已经到了该结婚的年纪，如果再碰不到那种'我爱的也爱我的人'，就只能在'我爱的或者爱我的'这两种里面选择了。"

我知道他说的这个现状也是目前大多数年轻人所面临的。在碰不到理想爱情的时候，大家潜意识都是想找一个爱你的或者你爱的人结婚。而我给出的答案是："不，我会选择等待，直到那个合适的人出现。"

显然，他对我的回答很不满意，他说："我的答案正好相反，我会选择爱我的……"

未等他说完，我便打断了他，我只问了他一个问题："你曾经和一个'爱你的人'在一起过吗？"

"没有。"

这个答案不出我所料。因为人性的本质都是认为"没尝试过得往往都是更好的"，就像《夏洛特烦恼》里的剧情一样：

昔日校花秋雅的婚礼正在隆重举行，学生时代暗恋秋雅的夏洛看着周围事业成功的老同学，心中泛起酸味，夏洛觉得目前自己的日子过得不尽如意，如果能回到过去，让一起从头开始，他绝对不会选择和马冬梅结婚，他一定要过着与现在不一样的人生。

借着七分醉意大闹婚礼现场，甚至惹得妻子马冬梅现场发飙，而他发泄过后却在马桶上睡着了。梦里他重回校园，追求到他心爱的秋雅、让失望的母亲重展笑颜，甚至成为无所不能的流行乐坛巨星。

但是，成名后拥有一切的夏洛发现，身边人都只是在利用他的身份地位而已，并没有人真心地爱着他，只有马冬梅是最值得珍惜的人，但是梦里的马冬梅却是别人的妻子，这让他既遗憾又伤心。

在夏洛即将死去的时候，这段重新开始的"有钱有权的人生"让夏洛感到非常的后悔。夏洛非常想回到以前和马冬梅相守的平凡日子……

人就是这样，我们总是会觉得得不到的人生是最好的。

爱情也是一样，我们总是会觉得没尝试过的爱情是最好的。由于你以前深刻地爱过一个人，却没有好的结果，所以你知道爱一个人是很辛苦的事情，导致一朝被蛇咬十年怕井绳的你觉得被爱的人肯定是幸福的。因为你会拿自己的付出去做对比，会觉得如果有一个人像我爱对方那样爱我，是很幸福的一件事。所以自然而然地产生了找一个爱你的人做伴侣的想法，殊不知你的这种想法是多么的片面。

我举一个很简单的例子，我们来设定一对角色。A和B是一对夫妻。A很爱B，B却不爱A。他俩在一起了，A对B无休止地奉献，倾洒自己的热情和爱情，那么此时的B只会出现那两种情况：第一种情况是B被感动了，逐渐地接受了A的感情，并对A产生了同样的爱意，两人日渐甜蜜。

第二种情况是，无论A怎么对B好，B都是一副爱要不要的嘴脸，时间长了，长期付出的A就会对自己的地位日渐不满，期望B回报同样的爱，而面对A的期望和索要，B日渐感到厌烦，并且对A的感觉从以前的平淡变成了最后的厌恶，最后的结局便成了无论A怎样对B好，B都无法爱上A，以至于A越靠近，B越反感。最终的结局就是两人分手。

这种情况在偶像剧里很常见（男二号爱着女一号，女一号爱着男一号，只可惜男一号不爱女一号，女一号不爱男二号，无论男二号做什么都无法让女一号感动，只会让她更加讨厌……），虽然关系很绕，但道理是明了的。这种在偶像剧里常出现的情节，在现实生活中其实也很常见。

我们总是以为和一个爱你的人在一起生活是幸福的，那多半是你没亲身体会过和一个爱你的人生活在一起是怎样的感觉。其实当你真正地和一个爱你的人生活在一起时，你会发现你的物质生活是会被对方照顾得很好，但是你的精神多半是空虚的，你会渴望出现一段轰轰烈烈的爱情，而如果此时一旦出现一个让你眼前一亮的人，你便会很快坠入爱河，一发不可收拾并且瞬间抛弃那个相伴多年爱你的人。

回到我前面所说的"等待那个合适的人出现"的话题上，你可能会问我，万一那个合适的人一直没有出现怎么办？

如果你真的如此的不幸，一直没有等到那个合适的人，你也不能将就，不能因为身边人的催促或者嘲讽就随便找一个人结婚，如果你为了躲避"催婚"而去结婚，那等待着你的将是无尽的折磨和痛苦。

你可能又会问我：如果那个人真的一直都没出现呢？那我只能说你必须先从内心降低你的择偶标准，只有调解了自己的心态，才可以打开心扉接受别人，爱上别人。或许听到这里你又会说："我根本没有什么择偶标准。"

其实，说自己没有标准的人往往标准最高，他们很可能是潜意识里没有意识到自己的标准是什么，但是一旦和别人相处起来就会因对方谈吐不风趣、袜子有破洞、唱歌拐调、对朋友抠门等等原因与对方分手。或许并不是因为他们挑剔，而是他们的心里标准过高，高到自己都没有意识到标准是什么。只有在遇到事情时才会去套用自己心里的"框架"。合格的就留下，不合格的就删掉。

遇到这类情况，你必须要明白自己喜欢什么样的人，只有知己知彼才能百战不殆。比如：你喜欢个子高的男生，但是追求你的男生却是一个矮个子的小伙子，这时的你即使委曲求全地和他在一起了，也会因身高的问题无休止地在他面前唠叨。时间长了，小伙子也会逐渐受不了你。而真正能让你接受他身高的唯一办法，就是你能迈过你内心的"坎"，能够降低你内心的标准，彻底从心里接受他的身高。

同样的道理，想要找到那个合适的人，首先要知道自己喜欢什么类型的人；其次要明白自己不喜欢什么类型的人，然后在心里设定一个差不多的标准，再根据事态的发展来调整标准。

这期间最重要的是：不要总在嘴上说我会降低自己的标准，而是要从内心降低标准，只有在这样看似太过于"理性"的层面上才能找到真正适合你的另一半，估计我这个理论会被很多"凭感觉"谈恋爱的人否定，但是"理性"地谈一场恋爱的结局肯定会比"感性"地随意谈恋爱更好。

还有一种结果就是，在你的生命中真的碰到了真命天子，以至于你最初设定的所有标准（比如不要戴眼镜的，比如不要少数民族，比如不要抽烟的）都即刻烟消云散，不信的话你可以试验一下。

在恋爱中我们一定要平稳心态，不要因为自己年龄变大就"饥不择食"，我们可以略微地调低自己对另一半的要求标准。但也绝不是让你违背内心去接受一个你完全不爱的人，这种做法无疑是对彼此的不负责任，因为没有回报的爱情即使共同走过了十年光阴，结局也注定是分手。

他变成这样，多半是你害的

总用人不断地向我抱怨："他以前不是这样的。""他以前对我特别好，现在变了。""他以前特别关心我，现在天天连个电话都懒得打。"

作为好朋友的我们，这个时候都会初步断定为这个男人变心了，外面有别的女人了，或者是这个男人当初是装的，现在狐狸尾巴露出来了。然后便是几个闺蜜坐在一起大声申讨这个男人，轻则是女主角回去和男主角大吵一架然后和好，重则分手离婚。

碰到这类问题，通常的反应是在对方身上找问题，却很少看到自己的问题，当然我也不排除真的有那样表里不一，人前一套人后一套的渣男。但多半情况下他变成现在这样，你也有很大的责任。

在对方身上找问题是我们的惯性思维，并不怪我们自己。因为上帝在造人的时候给人安装了两个口袋，一个装着自己的优点，一个装着自己的缺点，上帝分别把这两个口袋缝在人的身上，装满优点的口袋放在人的背后，装满缺点的口袋放在人的胸前，这也就导致了人与人接触的时候往往都是先看到对方的缺点，只有在对方转身离去的时候才能看到对方的优点。所以也就造成了恋人的一种结局——在一起的时候烦，失去了才会想起他的好，才会想起两人在一起时点点滴滴的快乐和幸福，但为时已晚，对方早已走远。

言归正传，让我们聊聊今天的主题。先讲两个在身边很常见的故事作为铺垫。

我有一个朋友名叫小米，她的性格属于半开朗类型（即使彼此陌生也可以客套寒暄的那种类型）。小米在上大学时找了个男朋友，名叫大星。大星是个性格开朗，阳光，会变小魔术的男孩，会偶尔为小米准备些小浪漫，会偶尔给小米个惊喜。

两人在一起的前期有很多欢乐时光。但大学毕业的时候，两人却分手了。问其原因，小米敷衍后直言："他动手打过我。"听完不禁惊呼，大骂自己看走了眼。但随着小米叙述的展开，发现了一些令人唏嘘的事情。

小米性格上存在着两个比较严重的问题。比如：小米和对方吵架的时候属于口无遮拦的类型，大声骂着脏话，抨击着大星的人格，这让大星无法忍受；小米为人比较小气，凡事喜欢斤斤计较，尤其是计较和朋友在一起吃饭付账的问题。

小米在恋爱过程中，极其看不惯自己的男朋友请朋友吃饭的做法，她觉得请客吃饭的都是"冤大头"。但是，小米也不是生闷气的女人，她会把她的不满直接地表现出来，她会在饭桌上直言："那个谁谁谁，你每次都让大星请你吃饭，你好意思这次不掏钱吗？"顿时欢乐的气氛宕至谷底，最后大家不欢而散。

这只是驳倒了大星的面子，但是小米的另一种行为彻底激怒了他阳光好脾气的男友。

有一次大家一起去吃饭，席间有对情侣，男方看女方吃饭呛到，顺手去倒了杯水给女方。无意的一个细节可能出现得不合时宜，大星由于杯子空了顺便提了句（他并没有看到那对情侣的举动）："小米，给我倒杯水。"而此时小米吃饭恰巧被辣到，又恰逢在这一时间段，顿时心情有些激动，大声嚷道："你是不是男人，还让我给你倒水。你咋不去给我倒水，你看看别人……你咋这么贱眼。"

可能是场合问题，可能是面子问题，可能是尊严问题，大星怒了，动手打了小米。

对于男人动手打女人的事情，我向来都是非常反对的，我在以前的文章里也提到过，无论一个女人做得有多过分，你都没有权利动手打她。你可以选择和她离婚，或者是通过法律的手段制裁她，但是无论如何都不能通过暴力来抒发着自己的怒气。

虽然大星动手打人的做法非常欠妥，但是大星并不是天性本质恶劣的人，他变成如今的模样，和小米有着很大的关系。小米不应该在公共场合毫不顾忌地责骂大星，因为这种做法会使得大星的自尊和面子受到严重的伤害，以至于原本好脾气的大星变成了最后会动手打小米的暴力男。

另外一个故事的主角是一对结婚18年的夫妻。女方叫圆圆，男方叫大卫。在他俩的婚姻中，不能说圆圆一点问题都没有，但是大卫的问题更为严重，他的做法成为他们婚姻最终走向深渊的导火索。

大卫的事业属于后起之秀，前些年过得很惨淡，收入也甚是微薄。但是近几年，大卫的事业慢慢好转，有了自己的公司和自己的产业。

如今，在大卫去公司的路上或者大卫去办公的路上，总能看到圆圆跟随在旁边，这种跟随不是两人感情好的表现，而是出于圆圆每每看到大卫晚归、不断应酬后不信任的表现。其实，圆圆对大卫的跟随是一种跟踪行为，她只是想知道大卫每天的日程安排，想知道大卫每天和谁在一起做了些什么而已。

跟踪的时间久了，周围的同事、朋友开始在大卫背后对他俩的事情议论纷纷。但多半的指责都落在了圆圆身上，说她没事找事，心里有病。而圆圆苦大仇深的表情也让很多不知情的人认为，圆圆一直在无理取闹。

而当你真正了解事情真相的时候会发现，圆圆是一个可怜的女人。圆圆有自己的工作，且工作自由，收入每个月过万，喜欢美容、逛街、健谈，除了不喜微笑，却也能和人愉快相处。但是结婚18年，她没有见过大卫的一分钱，也没有收到过大卫的一份礼物，甚至连结婚戒指都没有买。

大卫的工资从不交给圆圆，原因是因为圆圆的婆婆。婆婆曾经给大卫说过这么一句话："你怎么能把你的钱让你媳妇管呢，这像什么样。"估计婆婆说这话的时候忘记了，她管了一辈子公公的钱。

自从这句话以后，圆圆没有见过自己老公的一分钱。

圆圆和大卫有个孩子，正处于叛逆期，圆圆为了孩子也算是尽心尽力，但孩子的叛逆并没有好转。圆圆只得求助于自己的丈夫，可是大卫却说："孩子是你的，你自己管去。"

听到这话，圆圆日渐心冷。而后圆圆又发现大卫经常半夜接到陌生女人的电话，应酬也日渐增多，偶尔还在手机上发现大卫一两张左拥右抱的照片，虽然大卫总说是"生意上的应酬"，但是，经济上的无法依靠和遇到困难时的孤立无援，让圆圆愈发地怀疑大卫。

此时的圆圆正值更年期，人生的危机感日益加重，又加上大卫的态度日渐冷淡，圆圆开始起疑心，开始与大卫争吵，开始歇斯底里地到大卫办公室里大吵大闹。男方也从刚开始的沉默到后来的大吵，最后到冷暴力。

周围的人都只见过圆圆大吵大闹的一面，却从未看到大卫对待圆圆冷暴力的一面，所以大家都对圆圆指指点点，却从不曾指责大卫。

但真的全是圆圆的错吗？是什么让一个曾经天真可爱的姑娘，变成了现在这个满脸愁容，整日跟踪成瘾的更年期女人？是什么让一个本该用钱好好享受生活的人，终日不得安宁地去大吵大闹？又是什么让一个本该家庭幸福的女人，变成了一个和自己婆婆、孩子相处不愉快的女人？

圆圆变成如今这番模样，多半是大卫害的。

这一切的发生，虽然与圆圆不分场合的大闹有关，但和大卫真的一点关系都没有吗？如果大卫能在生活上多给圆圆一点关心；如果大卫能在中间调和一下圆圆和孩子、婆婆之间的矛盾；如果大卫能够下班早点回家，酒桌上注意尺度；如果大卫能够整日对自己的妻子嘘寒问暖……相信他的妻子可能会是另一番光景吧。

哲学告诉我们：世上的事没有绝对的对，也没有绝对的错。万物都是相互转化，不断发展的过程。你身边的他变成了如今这番模样，有周围的影响，自身的改变，但很多情况下是你的行为和态度慢慢改变了他。

你给不了她温柔的关怀，又怎能要求她回报给你灿烂的微笑；你给不了她细心的呵护，又怎能要求她回报给你明媚的阳光。她是一棵树，你是一个园林师，她变成如今的模样，与当初你对她随心所欲的修剪有着密切的关系。

不要总强求身边的人该如何如何，先想想自己做的是否都合适吧。有句老话说得很对：感情是要靠双方去经营的。单方的维系多半撑不了多久，所以，先从自身开始改变，再多看看对方的优点，各让一步，共同走下去。否则，无论你的现任变成了谁，结局都会和前任一样。

没有对错之分，只有合适之别

　　前面我讲了西瓜小姐和橙子先生的故事，主要是想说橙子先生没有解决自己的"遗留问题"，以至于他的下一段感情的失败。我在文章的结尾说了一句话："没有完全的对错，只有绝对的合适与不合适。"

　　感情的世界，没有完全的标准模式可言，有的最多的也只是"参考标准"，一些情感专家在解决夫妻感情问题时也只是说："我建议你俩……"从来也不敢拍着胸脯说："我保证你俩……"

　　就像橙子先生的故事一样，如果他一直不改变自己的生活态度和做法，我也不能断言他肯定找不到女朋友，因为如果他碰到一个完全合拍的女孩，那自然是另外一番风景了。

　　我身边有一对离婚的夫妻，他们的故事听起来更耐人寻味。这对夫妻婚龄15年，女方叫敬丽丽，在我眼里算是个女强人，有自己的一家公司，手下有200多个员工。敬丽丽是农民出身，从小能吃苦，年轻的时候什么都干过，干过服务员、开过超市、做过家政，辛辛苦苦地奋斗了20年后，在40岁那年开了自己的家政公司，如今规模已经算是很大。

　　敬丽丽性格非常要强，做事雷厉风行，属于说一不二的类型。她在爱情中也很强势，一副女强人的派头，这让同样奋斗出身的丈夫德丰非常受不了，43岁的德丰也算是个成功人士，在一家上市公司做销售总监，有自己的专职司机和秘书，也算是职场上叱咤风云的人物。

这样优秀的两个人在婚后第15年的时候，婚姻亮起了红灯。德丰实在忍受不了敬丽丽的强人派头，他喜欢小鸟依人、说话轻声细语的女人，所以提出了离婚。敬丽丽最终同意了离婚。

离婚后的敬丽丽依旧风风火火，当别人问起她的婚姻时，她也能很坦然地说自己已经离婚了，只是要强的她会补充一句："我提出来的。"离婚后的德丰很快和他心目中的理想对象再婚了，对方是个比他小10岁的女人，说话温声细语，没事喜欢撒个娇，很讨德丰的喜欢，两人在一起甚是甜蜜。现在时不时地可以看到他俩在微博上晒出的旅游照。

周围的人看到敬丽丽离婚，都对她指指点点，说着："如果敬丽丽不改掉自己女强人的性格，和谁都过不到一起。"敬丽丽听了，不以为然，她说："如果我今年20岁，那我一定会改，毕竟人生只是刚开始。但是我今年45岁了，我不会再委屈自己去讨好别人，我要做我自己，过我想过的生活。"就当大家都以为敬丽丽会孤独终老的时候，却突然传来了敬丽丽要结婚的消息。

敬丽丽再婚的对象是个退伍的军人，现在在一家保安公司做保安队队长。所有人都劝敬丽丽说，这个军人和她结婚是图她的钱。但是，敬丽丽的强人风范再度展现，她不理会大家的看法，坚持要与保安队队长结婚。就在大家等着看敬丽丽被骗得人财两空，家破人亡的时候，却突然又得到了敬丽丽怀孕的消息。

现在的敬丽丽依然是个女强人，只是这位女强人每次外出，身边都多了个保镖。这个保镖不是别人，正是她的现任老公。敬丽丽的老公每次都称呼敬丽丽为：首长。

在外面他是她的司机，在家里他是她的厨师和保姆。敬丽丽知道，她的现任老公和她在一起并不是图她的钱，而是真心地爱她，疼她，想照顾她一辈子。

目前，敬丽丽和他的前夫都已经再婚，两人过得都很好。也没有什么人再评论什么了。

我身边还有一对结婚20年的夫妻，男的叫阿强，女的叫阿沁。两人有一个儿子，长得高高帅帅。年过半百的夫妻却突然地离了婚，这让周围的人很吃惊。问其原因，多半是生活上的不合拍，比如：阿沁觉得阿强对自己很抠门，从来不会买礼物给自己，就连结婚时候都没有买戒指，还总嫌阿强赚钱少，大男子主义，不懂得心疼人，爱喝酒……

　　如果问阿强原因，自然是另一番说法，多半是指责对方的过错。

　　时隔半年，两人又组建了各自的家庭。阿沁嫁给了一个局长，通过局长的人脉，阿沁自己开了家钢铁租赁公司，公司的生意日渐红火。如今，恩爱的两人时不时出去旅游，日子过得也算是潇洒。

　　离婚后的阿强也找了个体贴贤惠的女子，洗衣做饭样样熟练，并且从来不会嫌弃阿强赚钱少。阿强也改掉了自己爱喝酒的毛病，在领结婚证的时候给女方买了一枚耀眼的钻戒，并且带着女方去云南度了蜜月。得知这一切的阿沁有点感慨："自己和他过了半辈子也没享受过这种待遇。"

　　但终归阿沁和阿强两人的结局是好的。

　　阿强能另觅爱情，有自身改变的原因——如果阿强像橙子先生那样，永远不知道自己的缺点或者不去改正它，那幸福的爱情是很难降临在阿强的头上。

　　除了这点外，缘分也起到了很大的作用——恰逢阿强碰到了一个合拍的女子，这个女子和阿强一样爱吃面，爱唱戏，所以两人的情感升温得很快。

　　在爱情中，没有什么绝对万能的真理，就像小雪以前说过的："一份感情，好像没有特定的模式，幸福的结局都一样，而不幸却各有各的不幸。"我不可能仅从身边的几个故事中就推理出适合所有人用的方法。

　　只是，爱情没有对错之分。我们无法去判断在一段感情中谁是绝对的错，也无法判断谁是绝对的对。我只知道，一个爱你的人是不会和你吵架的，因为他知道吵赢了你也便意味着失去了你。

　　但是两个人在一起却有合适不合适之分。很多年纪大的人都会以过来人的身份说："谈对象，要找个性格互补的。"乍一听，好似很有道理，性格互补的两个人可能在一起更合适一些，你成熟内向，他开朗活泼，在一起好像不太无聊；你性格暴躁，他成熟稳重，在一起好像更加合适；你口才极佳，他却话少内向，好像在一起是演讲者和听众一样的绝佳组合。但是，这只是你站在了成熟内向，性格暴躁，话少内向的一方立场上罢了。

成熟内向的人遇到了开朗活泼的人可能感觉就像一缕清风吹散了夏日的酷热，沉闷的人生有了不一样的色彩。但你却忽略了开朗活泼的人的感受，开朗活泼的人原本是喜欢热闹的，但你却让他长时间面对一个喜欢安静的人，犹如猴子遇上了考拉，让猴子孤独得像个马戏团的小丑，自娱自乐。

开朗活泼的人想去跳舞，成熟内向的人觉得吵；开朗活泼的人想要开派对，成熟内向的人觉得吵；开朗活泼的人想去多社交，成熟内向的人觉得那种场合让他很尴尬……时间长了，他俩自然而然也就要分手了，即使不分手，在一起也多半是痛苦的折磨和无休止的争吵。

同样的道理，爱说话的人和不爱说话的人在一起，外人的感觉是：这是个完美的组合。但是你体会不到爱说话的人的痛苦，爱说话的人并不喜欢一个人自言自语，而是喜欢与人交谈，他喜欢谈话带来的愉悦感。要注意我所说的是谈话，并非说话。

如果此时，你让一个爱说话的人长时间面对一个不爱说话的人，时间长了，爱说话的人会感到非常的无趣，单方面的语言不能算是谈话，更不能带来谈话产生的愉悦感。时间久了，如果不爱说话的一方不做出改变，也不回应对方的话语，爱说话的那一方也会日渐失去说话的兴趣，两人在一起只会更加的沉默，最终导致分手。估计分手时，不爱说话的一方还会得出一个结论："他变了，他和以前不一样了。"

如果让两个性格相似的人在一起，自然是另一番景象，两个开朗活泼的人在一起会是怎样的场景？

一个想要去旅游，另一个立马准备行李；一个想要开派对，另一个立马打电话通知朋友时间地点；一个人想要去慢摇吧，另一个人立马定位子……这种默契的合群和合拍让感情更加稳定，因为你俩有共同的爱好和兴趣，相处起来会觉得更加舒适。而两个喜欢安静的人在一起，也是很美的画面，两个人都喜欢看书，自然就有谈不完的话题；两个人都喜欢安静，自然宅在家里也不会觉得无趣；两个人都喜欢喝茶，周末一起去茶庄就显得很有情调。

所以，我的观点是：谈恋爱不一定是要找个性格上互补的人，而是要找个性格上合拍或者相似的人。性格上互补的两个人长时间生活在一起后，也会通过摩擦和磨合让彼此更加相似更加靠拢，要不然"夫妻相"这一词是从何而出的呢？

既然两人在一起久了以后就会变得越来越相似，那为何刚开始的时候不直接找一个性格、生活品位和追求相似的人呢？这样既可以免去相处过程中的摩擦，也可以增添幸福感，何乐而不为。

记住，你和他在一起不快乐，并不代表你和谁在一起都不快乐。现在的你只是没有遇到合适的那个人而已。如果你问我什么叫合适，那范围就很广了，有性格、长相、家庭背景、兴趣爱好等等方面。但如果这几点你们完全不同，那么你们分开的可能性就会大大增加。

最后还是那句话：没有完全对错的两个人，只有合适或者不合适的两个人。

谁都没有表面上那么光鲜亮丽

我是一个来自小城市的姑娘，从上高中那刻起就想离开这座小城市，想去一线的大城市发展。可是阴差阳错，高考志愿填错的我留在了这座充满记忆的小城市。

而我的朋友和同学却按照我的梦想去了内地上大学，从此以后，曾经形影不离的好朋友就只能活在彼此的"朋友圈"里（微信功能上的朋友圈），我们只能通过对方发的照片来断定他过得好不好，今天大黄发了张海口的照片，我推断出他在海口旅游；明天阿狸发了张和男朋友的合照，我猜测她目前过得应该很幸福；过几天小米发了张工作照，我推定她工作很好……

我从朋友圈里了解了以前同学的生活，从潜意识里推断他们过得好不好，也有被我推断过得不好的同学，比如经常发心灵鸡汤的；比如总是发与男友吵架的；或者是总是发一些抱怨信息的……我都推断为过得不好。

后来，我发现：朋友圈所发的照片往往不是事情的真相，有些人只是表面上过得好而已，现实中过得并不是很好。

我的朋友圈里有一个叫米雪的女孩，她是我高中时候的前桌，毕业去了上海念大学，在上学期间认识了一个男孩，男孩是富二代，爸爸是某个公司的老总，在上海有家分公司让男孩经营。而男孩的家和公司的总部都在成都。米雪和男孩是通过交友软件认识的，在一起后，米雪开始经常在朋友圈里面发两人的合照，有时也发旅游的照片，偶尔还有与对方父母的合照。通过这些照片我觉得她过得很好。

大二时，我还住在大学水泥地的宿舍里，米雪已经和男友住在了300平方米的高层里；我还在每天吃着食堂缺油少盐的大锅饭，米雪却在朋友圈里天天晒着海鲜。

朋友们私下都在八卦着，说米雪过得很好，找了个有钱的并且爱她的男朋友，虽然大家都没有见过她的男朋友，但是从照片上看还是蛮帅的。

毕业以后，米雪跟着这个男孩去了成都，住进了男孩的家里。男孩的父母好像很喜欢米雪，给米雪开了家超市，并把她安排进了事业单位。当然这些信息都是从她的朋友圈里面看到的。貌似一切都是顺风顺水，婚房的装修照片在传递着她即将结婚的喜讯。正当我在等待她婚礼的请柬的时候，没想到米雪回来了。

回到了这个生她养她的小城市，不是探家，不是过节，而是毫无征兆地回来工作。她的突然出现让我们很疑惑，因为朋友圈并没有任何异常的现象，一切都弥漫着幸福的味道，可是她为什么突然又抛开成都的一切，回到了这座小城市呢？

问她，她自然什么也没说，只是说离父母太远了。男友呢？同样没说，只字未提。至今也不知道米雪到底是出于怎样的原因选择回到了这里，从零开始。只是依然没变的是她的朋友圈，依然每天晒着幸福，有美食美景，唯独没有她那个富二代的男友和她的准婆婆以及从前的那个属于她的超市。

肯定是出了事才选择回来的。其实，很可能米雪在去成都的这段时间并没有像她朋友圈里那样过得那么潇洒，只是她把自己的痛苦都埋藏了起来，展露给大家的都是经过审核的，可以被看到的快乐。

谁都没有表面上看到的那样光鲜亮丽，也没有表面上看到的那样过得那么幸福。你只看到了我发到朋友圈里面的司法考试资格证，但是却没有看到我多少个日日夜夜挑灯夜战的苦读；你只看到了我晒出来的工资条，却没有看到我加班的考勤表；我晒出来的幸福都隐藏在我无尽的付出和痛苦之后，我也是踩着敌人的尸首一步一步爬到金字塔的顶峰。

　　同样的道理，你看到他在朋友圈里天天抱怨老板让他加班，以为他过得很悲惨，却不知道他的年终奖是你的一倍；你看到他每天在朋友圈里感叹日子难过，却不知道人家的生活档次其实是你的十倍。所以不要被别人表面的光鲜或者悲惨所欺骗，那都是你看到的片面现象，并不能反映一个人的真实生活水平。

　　我们往往会羡慕有钱人的生活，觉得他们的生活档次非常高，从而非常快乐。但是，我们并不知道他们背后所付出的艰辛。我有一个姐姐是南航的空姐，收入比较高，属于比较有钱的类型。在她的生活中，高档的化妆品和衣服堆满了家里的化妆间。

　　我姐姐的老公是她的高中同学，两人自高中就在一起，直到姐姐28岁，两人自然而然地结了婚。我的姐夫是个包工头，常年在外包工程，也属于比较有钱的类型。两人婚后买了套小别墅，在外人看来，甚是奢侈。姐姐的同学也非常羡慕姐姐嫁了个有钱人。

　　可是好景不长，两人结婚不到一年就出现了危机，毕竟婚姻和恋爱是不太一样的。婚后，我姐夫开始对姐姐的空姐工作日渐反感，觉得风险高且不顾家，并且影响生孩子。我姐姐却觉得自己年龄尚小，并不想要孩子。在这个矛盾的基础上，又引发了许多连锁矛盾，姐姐一气之下选择了离婚。

　　离婚两年后，姐姐辞去了空姐的工作，去了北京。周围的人开始说着风凉话，觉得姐姐太过于折腾，现在成了个离了婚、没工作的老女人，觉得她的日子肯定过得很不好。

　　正当大家非常不看好我姐姐的生活时，我姐姐突然宣布要结婚了，和一个西安的小伙子。这个小伙子是姐姐在飞机上认识的，目前在北京开了家公司，姐姐辞职后去北京就是为了去找他。两人在父母的同意下举办了婚礼，现在有个一岁的宝宝。日子过得还算幸福。

　　这样的例子还有很多。我身边很多朋友都是这样，前两天在朋友圈里晒着幸福，过两天就闹起了分手，翻脸的速度着实让人吃惊。

　　所以，不要仅凭一两张照片就去断言一个人过得好不好，也不要擅自去推断一个人过得幸福不幸福。其实每个人的人生轨迹大致是相似的，不同的只是成功的大小而已，有些人事业做得大些，有些人事业做得小些，但是最终追求的都是一个平和的心态。

我们没有必要去羡慕别人拥有什么，因为你看到的往往都只是对方想让你看到的。也没有必要去评价对方生活得怎样，因为谁都没有表面上那么光鲜亮丽。

当你听到周围的朋友过得不错的消息时，你能做的只有默默地祝福，祝福你身边的每一个人都能过得像他朋友圈里那样幸福。

你对前任的态度，决定了你和现任的关系

最近有一个年轻的同事向我提出了一个问题：如果你在与现任谈恋爱的过程中，前任来找你了怎么办？当他问完这个问题，我就知道他遇上事情了。

我问："前任找你什么事情？"

"也没什么事情，就是当朋友似的聊聊天。"

"她是不是情感的空窗期？"

"可能吧，但是我和她确实再也不可能在一起了，我们只是朋友。"

听完这些话，我归结出来两个问题：

第一，分手以后的两个人还要不要做朋友？

第二，在与现任谈恋爱的过程中，如果前任来找你了，你该怎么办？

"我们只是朋友"，这句话经常可以在现实生活中听到。一般时候，这句话中的"朋友"指的是前任，而这句话也多半是说给现任听的。

听到这句话，我就忍不住想反问一句："分手了以后，为什么还要做朋友？"

在我看来，除了离婚后为了孩子的原因两人还需要保持联系的情况外，一切分手后的两个人都不需要做朋友。如果还能保持着做朋友的状态

只能说明两个问题：要么是其中的一方想要复合，要么是你们之间已经没有爱情可言了。

如果一方想复合，那就要大胆地去联系另一方，说不定还能挽救一场爱情。但如果你们之间已经没有爱情可言了，那就更没有联系对方的必要了。

在分手后，一方如果还主动地联系你，想要和你做朋友，多半是还不能忘记你，还有想和你和好的心愿，此时如果你们双方都还处于单身的情况下，又感到前任对你确实不错，你可以和他继续保持联系，甚至于和好。

但是，如果你已经有了新的对象，就不能接受或者默认对方主动示明做朋友的说辞。因为你一旦接受了他所谓"只是做朋友"的说辞，就意味着你有和他保持见面和沟通的权利，毕竟和朋友吃顿饭是再正常不过的事情了。但是你的此种做法不仅会给对方心里暗示——我们还有戏，也会给你的现任一种不安全感，会让他觉得你还跟你的前任藕断丝连，即使你心里已经心如止水，但是外在表露的举措会让两人都产生不必要的误会。

现在，我们来讨论一下：为什么不能和你的前任做朋友的心理。想象一下，此时你的对面正坐着一个你曾经深爱着的人，曾经的你们如胶似漆，有很多甜蜜的回忆，可是此时的他已经结婚了。试想一下面对他的时候，你心里是怎样的滋味，多半是尴尬、难过、恍如隔世的感觉吧，但是肯定不会有平静如水的心情和他坐在一起吃个饭吧。所以对方如果能和你保持联系，时常约你见面，肯定不会只是要与你做普通朋友。

换种思路，我们再讨论一下：为什么你能和你的前任做朋友的心理。如果你真的能心静如水地和前任在一起吃饭，并且真的将他当作普通人看待，只能说明你现在已经彻底不爱他，也不恨他，甚至于说你很可能从来都没有爱过他。因为即使是一个曾经追过你的男孩，和别人结婚了，你们相遇的时候多多少少也会感到一丝丝的尴尬，更何况是和一个曾经爱过的人再次相遇。

你对前任心静如水，只能说明：你已经彻底不爱他了，并且说明你这个人的心很硬。如果是这样，你就更不应该接受前任要与你联系的意愿，因为对方联系你多半是没有忘记你，想要与你和好。而你根本就不爱他，或许未曾爱过他，所以何必还要和他保持联络呢，你与他继续联系只能伤害他那份想要与你再续前缘的心。

基于上述的理由，在你与现任谈恋爱的过程中，如果前任来找你，你最好的做法就是不要和他联系，不要接受他的联系，因为你接受他"做朋友"的邀请，只会伤害到你的前任和你的现任。你的现任也会基于你前任的出现而与你发生争执和无休止的争吵。

再换句话来说，你就那么需要这个"朋友"吗？既然口口声声说只是普通朋友，那很显然，普通朋友的地位低于女朋友的地位。既然如此，当你女朋友说你不许和她联系的时候，你又怎能将"我们只是普通朋友"这句话说出口。因为当一个对你来说很重要的人和一个对你来说不重要的人同时提出要求的时候，你应该知道孰轻孰重。如此浅显的事情就不用我多言了。

最好的爱情，体现在吵架中

不幸的爱情会把一个女人变成福尔摩斯，也可以把一个女人变成祥林嫂。

晴儿就是这样一步一步变成福尔摩斯的。

晴儿和志超是大学同学，上学时两个人的感情很好。但是，美好的时光总是过得很快，转眼间到了毕业季。志超性格比较内敛，不善交际，遂选择了一家技术公司做了技术人员。晴儿性格开朗，善于交际，遂选择了一家公司做了化妆品销售。

但是，两人的工作一个在北京，一个在新疆。工作的距离让两人谈起了异地恋。刚开始倒也甜蜜，每天一个电话让两人的关系还算亲密。但是时间长了，矛盾也就日渐出现了，两人因为距离的问题产生了一系列的争吵。

如果是争吵也就好了，但是志超属于话少的男孩，当志超和晴儿之间有矛盾的时候，志超往往喜欢以沉默来应对，这让电话那端的晴儿很是痛苦，感觉像是在对着空气说话。

当晴儿说到问题关键的时候，志超"咔"的挂断了电话，"嘟嘟嘟"的占线声音让晴儿很痛苦，再回拨过去，对方已经关机。

志超一关机会关好几天，电话不接，短信不回。当初吵架的争端也被无休止地搁浅。志超生着闷气，晴儿暗自落泪。故事的结局每每都是：晴儿单方面的忍让和迁就得到了志超的原谅。

在相处的几年中，志超每次的关机、逃避都换来了晴儿的妥协和迁就，日子长了，晴儿开始日渐痛苦。

2015年2月，本来就对志超不太信任的晴儿，通过手机QQ的定位功能发现志超在云南，晴儿感到甚是奇怪，遂通过手机的各种APP来寻找志超的蛛丝马迹，最终发现志超竟然和别的女孩去了云南旅游。

晴儿发现这一真相后，立即拨通了志超的电话，想问志超到底是怎么回事，但是电话那端的志超沉默了。在晴儿的不断追问下，志超言辞闪烁地说："陪我的'小对象'来云南过年。"晴儿听完感觉如同晴天霹雳，"小对象"？何时出现的"小对象"？到底发生了什么？

晴儿本想与志超激烈地吵架，但是志超还像以前一样选择了关机，逃避。茫然的晴儿一个人在北京胡思乱想索着，想知道志超这么做到底是为了什么？是因为不爱她了？还是因为那个女孩家里有钱？还是别的什么原因……

但自始至终，志超没有给晴儿任何解释，关机成了志超的常态。晴儿很伤心，但也不死心，还在单方面地纠缠着。

直到现在，晴儿还在犹豫，要不要原谅志超。

大米是个消防员，有个做护士的女朋友小白，两人感情还算不错，谈了两年恋爱到了该谈婚论嫁的地步。但是正当两人准备结婚的时候，大米犹豫了，不为别的，只为小白的暴躁脾气。

小白和上面故事中的志超的性格截然相反，志超是属于喜欢冷战的人，而小白是喜欢热吵的人。哪怕是生活中的一些琐事，小白也喜欢与大米大吵大闹，不仅针对眼前的事情，还喜欢翻旧账，将以往发生的事情如数家珍地翻出来一遍又一遍地争吵。

小白的吵架好似并不是为了解决问题，只是为了通过吵架来抒发自己的不满罢了。如果大米谦让一点，多哄哄，小白也就不闹了，但是如果大米不谦让她了，不顺从她了，小白就要寻死觅活地嚷嚷着要与大米同归于尽。

这样的争吵逐渐让大米感到了害怕，他越来越难以忍受小白的无理取闹，但又不敢不妥协，因为他的不妥协会换来小白的变本加厉，甚至是自寻短见。

　　大米的一味退让让小白自残的悲剧愈演愈烈，小白的脾气也越发严重，三天一小吵，五天一大吵已是家常便饭。

　　大米看着日渐临近的婚期，茫然着，纠结着，还要不要和小白结婚。

　　轩哥和燕子也是一对普通的情侣，两人谈了两年多恋爱，准备迈入婚姻的殿堂，问其恋爱期间如何处理吵架问题的时候，两人的答案让我非常吃惊。

　　轩哥和燕子异口同声地说："我们从不吵架。"

　　"怎么可能？哪有不吵架的情侣？"我困惑地说。

　　"真的，我们真的不吵架。"

　　"那你们生活中发生不开心的事情了，怎么解决？"

　　"协商解决啊。"

　　"怎么协商？"

　　"举个例子，轩哥的朋友小四想叫轩哥和我去吃饭，但是我并不喜欢小四，我心底里是很不乐意去的，然后我就告诉轩哥我的想法，轩哥就会告诉小四说'燕子今天要加班或者说燕子今天生病'之类的话替我推脱掉。但是，我也不是总拒绝小四的邀请的，也不会表露出对小四的不喜欢，只是三次聚会我会去两次而已。轩哥也表示很理解我，从不强求。"

　　停顿了一会儿，燕子接着说："我们生活中也有很多的摩擦，比如说，他在家喜欢把所有的灯都开着，喜欢把电视声音开得很大，喜欢光着脚穿鞋，这些做法我都不喜欢，我就会去批评他，而轩哥在接受批评这点上做得很好，他会很耐心地听我的批评，然后笑着说：'老婆，我的好老婆，我错了，我下次改。'其实，说改吧，轩哥只是在我眼前的时候改了，但是，我一不在家就又是老样子了。不过，我只要看不见，也就不管了。"

　　轩哥听到这里不好意思地挠了挠头说："其实，我老婆很好的，工作能力强，又很会处理人际关系，每次我在外面吃饭就喜欢把她带上，她有时候批评我，我也会认真地听，有则改之，无则加勉。"

轩哥和燕子不吵架是不可能的，只是他俩吵架的方式很温和，燕子从不翻旧账，向来都是就事论事，燕子会直接地告诉轩哥哪里做得不对，轩哥也会针对燕子所说的话进行思考，并尽量改正。

两人对一件事情意见不同时也不会冷战，轩哥会率先展现男人风度，先认错，然后再跟燕子慢慢协商。燕子也不会就此大吵大闹，而是将自己的看法冷静地告诉轩哥，两人就此再展开商量。

生活中的小事，比如买衣服、吃饭、看电视这类的事情，轩哥从来都是听燕子的，燕子想干什么轩哥就陪着干什么。大事方面，轩哥会将自己的看法说给燕子听，让燕子自己做决定。而往往燕子也是会听从轩哥的安排，因为她觉得轩哥说得很有道理。

两人自相识到结婚，从未吵过隔夜的架，即使再难过的坎，轩哥都会在睡前跟燕子认错，只要燕子气消了，一切也就好商量了。

轩哥有一番话说得很有道理，他说："我是个男人，我有义务去包容我的女人，只要不是出轨这种原则性的错误，我都愿意包容她。我不愿意和她吵架，因为我知道，吵赢了她，也就意味着失去了她，那我为什么还要去跟她吵架？在我看来，除了生老病死是没办法商量解决的事情，世界上的一切事情，我都可以和我老婆商量着办，我爱我老婆，所以我也尊重她的意见。只要她开心，我就开心。"

幸福的爱情多半都是一样的，不幸的爱情却各有各的不同。但是无论是哪种爱情都会面临着吵架，有热吵，有冷战，也有像轩哥这样协商解决的。

我个人是不赞成十天半个月不联系彼此的冷战。因为，如果你爱着一个人，你肯定是希望天天能见到他的人，听到他的声音，你肯定是不舍得他每日为爱消瘦，为爱沉沦。所以冷战并不是最好的吵架方式，它折磨着彼此的同时并不能真正地解决问题，只能让矛盾像滚雪球似的越滚越大，这是非常不明智的选择。甚至有些时候，你还在为刚刚发生的事情气得头疼的时候，对方却还不明白你为什么要生气。

热吵是相对好的一种方式，但要注意尺度。在热吵过程中，一定要只针对眼前所发生的事情吵架，不要翻以前的旧账，也不要一哭二闹三上吊，更不要摔东西或者动手打人，因为这个的行为不仅不能解决眼前的矛盾，还会因此引发更深的仇恨和更大的争端。

注意尺度的热吵，就演变成了轩哥版本的协商解决。两个人在相处的过程中，不可能不发生争吵，但是如何解决争吵成了情侣间最大的问题。如果彼此能够心平气和地坐下来针对眼前所发生的事情协商解决，那事态发展的结果往往都是好的，但我所说的可以协商解决的事情不包括出轨、家暴等犯罪行为。在我看来，触犯法律底线和道德底线的一切行为都是不能协商的，必须按照法律途径予以解决。除此之外其他的事情都是可以协商解决的。

我赞同轩哥的做法和轩哥的爱情观。我也肯定燕子的大度和沉稳。爱情从来不是一个人就能做决定的事情，向来都是两个人共同叙述的故事，只有两个人能彼此互相理解，互相谦让，日子才可以平静地过下去。一方的一味压迫和另一方的一味妥协，只会让情感的天平慢慢发生倾斜，以至于最终倒塌。

甜蜜期的爱情都是一样的幸福，一起看电影，一起逛街，一起旅游，每晚有说不完的悄悄话，抱着电话嘿嘿嘿地傻笑……但这不是真正的幸福。

真正的幸福是体现在你俩吵架的时候。

当你俩都在气头上的时候，他如果还能包容你，还能系上围裙为你做饭，还能抱着你的肩膀说："老婆，我错了，你别生气了，快来吃饭吧，我做了你最爱的红烧鱼。"这样的人才是真正爱你的人，因为他不舍得看到他心爱的姑娘掉眼泪。因为他知道"输了你，即使赢了全世界又如何"。如果你身边的男人像我说的这样如此的大度，你就更没有理由再去和他大吵大闹了，因为眼前发生的事，除了原则性的错误外，都是可以协商解决的，不用非要寻死觅活地一决高下。

爱情没有万能的版本，相处之道只有一个，那就是：多站在对方的立场上考虑问题。当你转换思维的时候，你会发现，生活中真的没有太多的架可吵。

爱我，就别说谈钱伤感情

谈钱伤感情，谈感情伤钱。

最近有个男孩在追求妍，是个警察，很帅，很高，很风趣，唯一美中不足的就是年龄比妍小3岁。年龄是妍的死穴，让她无法接受这个男孩。我们都用老话劝她："女大三，抱金砖。"可是，妍就是无法接受。

问她为什么不能接受？她的回答是："男孩比女孩成熟得晚，思想都比较幼稚，怕他不能包容我，照顾我。"

回答的好似很有道理。

针对她的回答，我问她："他对你是真心的吗？"

"不知道。"

"那你为什么不测试他一下？"

"怎么测试？"

"用钱测试啊。"

"这怎么测试啊？"妍一脸好奇，一脸欣喜。

"你可以要求让他给你买个昂贵一点的礼物啊，比如首饰或者手机之类的，千万别买便宜的。"

"问别人要礼物，那太不合适了，我开不了口。"妍连忙摆手。

"其实，并不是让他真的去买啊，主要是想看看他的态度，看看他是犹豫地拒绝还是爽快地同意。如果他因为你开口要礼物这件事就对你产生了不好的看法或者态度骤变，那只能说明他不爱你，他只是想空手套白狼而已。其实，我这招也是'伤敌一千，自损八百'的做法，试用的效果很可能是两个极端：要么对方会因此对你产生不好的看法，并在你背后对你恶言相向；要么你得到了心仪已久的礼物的同时，也得到了一个真心的爱人。"

　　"说得这么好听，那你自己试验过没有？"妍一脸狐疑。

　　"我当然试过了。要不我能给你推荐这个方法吗？我一共试过三次，结局各异。第一次，大四那年，我的同班同学大刘突然性地跟我表白，让我有点措手不及，毕竟大家马上就面临着毕业，这时再谈恋爱着实有点浪费精力。但是，我用很多的说辞都没有成功地拒绝他，最后我说了一句：'我上次逛街看了一块很漂亮的手表，可惜太贵了，没舍得买。'大刘听完没有什么反应，只是说了句'哦'。我又接着说：'你买给我吧。'这次大刘连'哦'都没有说，自此消失了。直到毕业宴席的时候我见到了他，我主动跟他打了招呼，告诉他'上次我说买表的事是开玩笑的'。大刘一脸不信地点了点头，一副'你当我傻'的表情。

　　"第二次，工作的第一年，有一个叫大黄的男孩向我表白，但是他并不是我喜欢的类型，所以我说了很多拒绝的话，比如：咱俩性格不合适、你不了解我、我俩是异地恋……但是这些话并没有起到太大的作用。他还是一如既往地'骚扰'我。我怒了，气愤之下，我说了句：'我信用卡这个月还有3000元没还，你帮我还一下吧。'当我说完这句话，他沉默了，良久说了一句：'没想到你是这样的人。'然后把我的电话和微信号全部拉黑。其实，我信用卡根本没有欠款，我只是随口的一句试探，竟然起到了意想不到的结果。

　　"可是，事情并没有就此终止，有一次打台球无意碰见了大丹。

　　"大丹问我：'你认不认识大黄？'

　　"我说：'算是认识吧。'

　　"大丹说：'大黄在追我。'

　　"我没有搭话。大丹接着说：'但是，我拒绝了他。'

"'拒绝得好，但是我还是想知道你为什么拒绝他？'

"'因为他说你坏话。'

"'说我坏话？'

"'他说你是个物质的女人，只知道钱，还开口问他要钱，说你根本不值3000元。'

"听完，我也就明白了。但我并没有向大丹过多地解释，因为懂我的人无须多言。

"但是，这件事也让我对此招数用得有些谨慎了，毕竟他在背后的造谣会让我的名誉受到不小的损失。

"第三次，我碰到了我喜欢的男孩，也是我现在的男朋友，他对我的追求也很热烈，但是我依旧怀疑他的真心，所以我又把这套试验的招数搬了出来。我发短信告诉他：'我想买个漂亮的黄金手链。'一分钟后他回复：'买。下班我去接你。'看到这条回复，我很吃惊也很开心，觉得他是真心地想追我。

"下班后，他来接了我，直奔黄金店，进店之前，我告诉他：'不用买了，我只是开个玩笑。'

"他很淡然地说：'没事，喜欢就买。'

"'其实，我只是试探你一下而已。'我腼腆地说。

"'不用试探我，真心的人不用试探。'说这话的他仍然一脸淡然。

"然后他拉着我利索地买了手链。全程只有感动。"

其实，我的男朋友只是工薪阶级，并不是富二代，一个手链会花掉他将近一个月的薪水，但是，他还是买给了我。直到现在，我们的感情也一直很好，他还是会每个月买些小礼物给我，发工资了带我去吃好吃的，或者去周围的城市转转。他并没有什么钱，但是他舍得将所有的钱都给我。我也并不是物质的女孩，他要送我东西时，我总是会拒绝，因为我也会心疼他，不想让他多花钱。但是，他还是会悄悄地买给我，因为他说："我爱你，我愿意把我的一切都给你。"

钱不能买来爱情，但是钱能衡量爱情。

赵小姐是个很善良的女人，但是碰到了很抠门的张先生。张先生刚认识赵小姐的时候，就很抠门，过节从不给赵小姐买花，也从不给赵小姐送巧克力。但赵小姐一直认为这是因为张先生节俭，会过日子，不喜欢把钱花到这些浮华的地方。

真的只是会过日子吗？到了两人谈婚论嫁的时候，男方家一句"家里穷，没有钱，给不起彩礼"就打发了已经怀孕的赵小姐。赵小姐忍气吞声地和张先生结了婚，想着即使张先生没钱，只要对她好就行了。

可是，婚后的张先生并没有像赵小姐想的那样对她很好，反而愈加的差。赵小姐生孩子的时候，张先生一句"工作忙，脱不开身"就理所当然地不去陪护；婚后过日子，张先生一句"我妈不同意我把钱交给你管"就拒绝了赵小姐的管账要求，自此赵小姐独自承担起了家庭的所有开支。

本以为婚后会幸福的赵小姐，依然没有收到过张先生的任何礼物，甚至张先生的态度也是愈发地冷淡，过着这样生活的赵小姐感叹着命运对自己的不公平。

其实，张先生不是会过日子，也不是舍不得花钱，只是他舍不得给赵小姐花钱。张先生可以用半个月的工资请同事吃饭唱歌，却舍不得给赵小姐买一件衣服；张先生舍得用半年的薪水带女儿去旅游，却舍不得给赵小姐买一件首饰。不是张先生没钱，只是他不舍得给赵小姐花钱，他并没有赵小姐想象的那样爱她。

换个思路，我们也可以说："在张先生的心里，赵小姐根本不值钱。"

赵小姐从恋爱开始，就没开口让张先生给她买过任何东西；结婚时，也没有开口让张先生买房或者出彩礼。以至于，张先生从认识赵小姐起就没有花过什么钱，久而久之，张先生自然也就产生了"你不值钱"的心理。举个不太恰当的例子：一个花重金买来的花瓶和一个路边捡到的花瓶，你更喜欢哪一个？（这两个花瓶的品质和规格是完全一样的）

大部分的人都会回答说：会更关注于花钱买来的花瓶。因为买来的花瓶里面有你的金钱支出，你会更关注于你当时的付出和你当初的投入（在《让你感到不舍的，只是你的付出》一文中阐述过该理论）。而捡来的东西是免费得到的东西，这类东西又有几个人会去珍惜呢？毕竟在我们大多数人的心里，愈难得到的东西，也就愈加珍惜。

我们都知道，用钱买来的爱情是维系不了多长时间的。但是我们不知道，没有钱的爱情也是维系不了很久的。如果你爱我，就不要对我说谈钱伤感情，因为谈感情伤钱。

其实，赵小姐并不是最惨的，她只是碰到了一个"抠门男"，相比之下，欢欢的故事显得更凄惨一些，因为欢欢碰到的是"算计男"。

欢欢是一家公司的会计，在朋友的介绍下认识了一个男孩，男孩叫伟伟，个子很高，人很风趣，长相属于耐看型。欢欢在认识伟伟一个月时就被伟伟的风趣所征服，两人迅速地谈起了恋爱。在相恋半年后，欢欢对伟伟的爱到了不可自拔的地步。

在这段感情中，相比之下，投入更多的好似是欢欢。伟伟很少给欢欢买礼物或者是买衣服，这点和赵小姐的经历很像，但是伟伟比张先生更过分的是：伟伟不但不给欢欢买东西，还天天让欢欢给自己买东西。

有一次，欢欢和伟伟两人去逛街，伟伟说："我想买块表。"

欢欢说："好啊，你想买多少钱的表？"

伟伟说："2000元的表就行了。"

欢欢说："可以啊。我买给你。"

可是，当伟伟和欢欢一起到了商场的时候，伟伟临时变卦，看上了一块10000元的表。欢欢出于对伟伟的爱，接受了伟伟的要求，当场就买下了手表。

两人再去逛街时，欢欢看上了一件2000元的大衣，但由于身上的钱都给伟伟买手表用了，所以欢欢求助伟伟，希望伟伟把这件大衣买下来。可是伟伟却说："这家大衣这么贵，咱们再转转吧。"

就这样转了一下午，也没买上衣服，欢欢的心里充满了失望。

伟伟和欢欢去内地旅游，期间欢欢看上了一个獭兔的小披肩，店家要价500元，欢欢觉得有点贵，遂提出再转转，但转了几圈后，很喜欢那件披肩的欢欢还是想把它买下来。

欢欢告诉伟伟："我给你一张中国银行的卡，如果店主最后要价200元，你就把它买下来。"

伟伟拿着卡去了店里，不一会儿就出来了，手里拿着那件皮草的披肩。欢欢问："花了多少钱？"

伟伟说："无论我怎么给店主说好话，店主都不同意降价，最后我用你的卡付了200元，我自己又垫了300元。"

欢欢听了伟伟说的话，非常开心，觉得自己在伟伟心里还是有地位的。

但是随即一条短信彻底让欢欢伤心了。短信是中国银行发的，内容显示刚刚欢欢的卡消费了40元。

也就是说，獭兔披肩并没有值500元，而是伟伟用欢欢的卡刷了40元买下的。伟伟不但没有自己垫付300元，反而还"贪污"了欢欢160元。

爱算计小钱的伟伟怎么可能不算计大钱呢？

转眼，两人到了谈婚论嫁的地步。伟伟和欢欢原本是两个城市的人，欢欢为了伟伟辞去了自己城市的工作，跟随伟伟去了他的城市。伟伟为了结婚买了套房，房子是全款付完，房价为30万元，可是房产证上写的却是伟伟妈妈的名字。欢欢为了结婚带了嫁妆20万元。婚后，伟伟用欢欢的20万元嫁妆买了辆车，名字是两人的名字。

欢欢由于要考本地的公务员，所以必须要迁户口，迁户口的前提是名下要有自己的房子。她（欢欢）遂提出让伟伟把房产证从他妈妈的名下过户到伟伟名下，可是伟伟说："过户费要30000元，太贵了。"欢欢随即问了下房产局的朋友，朋友说："没有30000元，也就几千块钱吧。"

伟伟很聪明地拥有了一套欢欢不能参与分割的房产，又很漂亮地占有了一辆可以分割到10万元的车，并且欢欢不会开车，所以这辆车从购买之日起都是伟伟在使用。

除了说欢欢傻以外，伟伟的"聪明"确实让人惊叹。但是，我却很怀疑，这样"聪明"的伟伟是否是真心地爱着欢欢。

在这段感情中，欢欢很爱伟伟，所以她愿意花掉自己所有的积蓄，只为能和伟伟在一起，在她眼里："因为我爱你，所以我不会心疼为你花钱，因为我爱你，所以我不会说'谈钱伤感情'"。

爱着一个人，就想把世界上最美好的东西都给她，即使她想要天上的太阳，你都会想方设法变成夸父。但是，如果在钱和心爱的姑娘之间，你选择了钱，那只能说明：第一，你很自私很势利；第二，你根本没有多爱这个姑娘，你只是想空手套白狼而已。

女孩在被热烈追求时，是很难分清男孩到底是真情还是假意，凭借他整日的嘘寒问暖和亲切关怀是难以证明他的真心的。只有用钱这种最直接最露骨的方式才能试探出一个男孩的真心，因为往往他对钱的在乎度能衬托出他对你的在乎度。

南子很反对我这个观点，他觉得我这个女人太有心机，如果我做他女朋友他会觉得很可怕。但是我问他："你女朋友试验过你吗？"

"没有。"

"如果她试验你，你会怎样？"

"立马分手。"

"你的女朋友花过你最大的一笔钱是多少？"

"500元吧，上次给她买了件大衣。"

"谈了两年，就买了一件大衣？"

"她也没问我要过别的东西，我就没给她买。"

这完全是一番自相矛盾的话，女孩开口要礼物，你说她物质，女孩不开口要礼物，你说"你不开口，我怎么知道你想要什么？"其实你不是不知道，你是装作不知道。其实你并没有多么爱她，你只是更爱你自己。

爱一个人，你会细心留意她缺少什么；爱一个人，你会主动问她想要什么；爱一个人，你会自发给她买玫瑰和蛋糕；爱一个人，即使你的存款只有100元，你也会毫不顾忌地交给她，只为她过得开心。

一旦你将钱和爱情做对比的时候，也就无声地说明：其实，你并没有想象中那么爱她。

最后，引用作者"摆渡人"的一句话："他把他的暖藏在最深的地方，直到遇见对的那个人才是一场花开，而你留在他冰冷的身边，是要继续宽容还是等待？"

婚前该不该同居

一看到这个标题，大家应该就知道肯定是一个打口水仗的话题，结局多半是公说公有理，婆说婆有理。

保守的一派多半是认为：没结婚就住在一起，万一没结成，传出去名声都坏了。

思想前卫的一派认为：试婚能让我们更加了解彼此，在婚前就发现彼此的性情有助于更好地适应以后的结婚生活，试婚觉得彼此合适就结婚，不合适也避免了以后离婚的痛苦。

前者的说辞多半是一些父母的观点，后者的说辞多半是儿女的态度。

我属于中立且偏向于后者的态度。

爱情是一个没有章法可循，很奇妙的东西。没有完全对错的两个人，只有完全不合适的两个人。

A君和B小姐一个南方人，一个北方人，结婚后天天为今天吃米明天吃面吵架，同样也为你挤牙膏从中间开始，他挤牙膏从尾部开始吵架，更为睡觉打呼噜发生争执。

看起来都是些鸡毛蒜皮的小事，但也着实影响人的心情。时间长了，战火慢慢也从当初的小争执升级为：你不爱我。

因为，只有你不爱我了，你才会处处针对我。是真的不爱了么？不见得，其实还是爱的。只是生活上的无法谦让和改变，让彼此实在不适合生活在一起。后来，A君和B小姐离婚了，外人觉得如此挑剔的两个人肯定难以再找到好的归宿了，可是造化弄人，多年以后，两人都再婚了。北方人的A君找了个北方人的C小姐，C小姐天天做手擀面给A君，导致A君10天胖了10公斤，C小姐也不计较牙膏的挤法，更不计较睡觉打呼噜的事情，两人在一起后很开心。

而心思细腻的B小姐也找到了同样疼爱她的D先生，D先生爱吃米，生活很细致，会在乎沙发上的抱枕是否摆放整齐，会在乎白袜子是否洗得很干净，也会在乎生活的品质和细节。C小姐很满意，也很幸福。

A君和B小姐的事情不完全是性格的问题，多半是生活细节的问题。大部分人也是这样，除了彼此性格确实不合适外，多半都是因为生活上的琐碎细节导致了双方的战争。

而生活上的问题，多半只有在两个人住在一起后才能发觉，这就回到了今天的话题上——婚前要不要住在一起试试。

毕竟谈恋爱如果只是吃饭、看电影、逛街的话，是很难看出这个人的生活细节的，就算你去过他家里，看到过他整齐的沙发和干净的玻璃，也很难证明这是个爱干净的男生，多半只能说明你的突击检查和他的检查前的大扫除是很成功的。

住在一起其实也是有风险的，因为很可能面临着赔了夫人又折兵的风险。但是我觉得婚前还是短暂地住一住比较好，这绝对不是说让你和对方没名没分地住在一起一年半载，而是住上一两个月就够了。但如果你特别注意名节，又或者你确信你很了解他，并且和他感情基础很深，又或者觉得实在没必要，那就算了。

其实住在一起一个月，就能看出你俩之间的生活模式是否合拍。如果发现有不合拍的地方，那就大家坐在一起协商一下，比如谁洗碗谁做饭，以后结婚了再慢慢磨合，如果很合拍，那最好不过了。

也有人说："同住一个月根本看不出来什么问题，他会隐藏自己的恶习，装出很完美的一面给你看。"

"如果他有心要骗你，即使你们住在一起5年，他都会把自己隐藏得很深，但是如果他是真的爱你，住在一起一个月就可以发现他是否真心。"这是我的看法。

婚前小住一下还能增加彼此对婚后生活的向往，也能增加两人的感情，但如果长时间地同住在一起，那产生的只能是对婚后生活的厌烦，以及不用负责任就能离开对方的无负罪感。甚至于长时间的付出换来的只是一句"结婚不就是张纸吗，像我们现在这样住在一起就好了"这类不负责任的话。

但无论你最终选择婚前同居还是选择婚前不同居，我都想告诉你们：婚前最好不要怀孕。婚前怀孕是一件很有风险的事情。

第一，孩子不是商品，是一条脆弱的小生命，拥有了这条小生命，也就意味着你需要对他负责，如果你草率地把他杀死，你的余生会在深深的自责和愧疚中度过。并且杀死一个孩子，对自己的身体也是莫大的伤害。

第二，如果你为了肚子里的孩子，就草率地和眼前这个男人结婚。这是对自己的人生极不负责任的表现，假设你碰到的这个男人婚后对你还不错，那你和孩子还算是幸福，但是如果你碰到的这个男人婚后对你并不好，那你这次以孩子为赌注的赌博可谓是输得一败涂地。不仅毁了你自己的人生，也毁了孩子的人生。

第三，未婚先孕会成为你的准婆婆看不起你的诱因。准婆婆多半都是60年代前生人，她们多半思想比较传统，不太能接受婚前同居及婚前怀孕的行为。她们会将一个婚前怀孕的女孩认定为不自重、不检点。同时她可能不会给予你足够的尊重和彩礼。准婆婆会认为，反正你已经怀上了我家的骨肉，即使我们不给彩礼你也会嫁进我们家，这就导致你从一进门开始就不被重视。

第四，未婚先孕的人往往不能给孩子一个好的成长环境和经济基础。未婚先孕多半都是突发事件，没有做好生孩子的心理准备的准父母，因为孩子的突然到来更感压力，他们要快速地挣钱，快速地买房，快速地结婚。以至于无暇去思考如何教育孩子的问题，也无暇去思考如何组成美满家庭的问题，可谓是稀里糊涂就成了孩子的爸爸和妈妈，在这种情况下快速组建的家庭，如何能承担起教育好孩子的责任呢？

所以，无论你多么地深爱着对方，也最好不要婚前怀孕。

过分的善良，就是傻

这篇文章是我整本书的最后一篇文章，也算是做个沉底发言，以此来劝慰本书中出现过的所有傻女人、傻男人，愿你们的生活更加美好。

善良，要有个度。因为总有人利用你的善良伤害你。

我们小时候，父母总是教育我们：要做个善良的人，对待他人要谦让和包容。

但是，终有一天你会明白，人不能太过于善良，你的过分谦让和容忍，别人不会心存感激，只会变本加厉。

我的外婆，今年83岁，一辈子吃了很多的苦，却没怎么享过福。外婆是个非常善良的老太太，性格带些懦弱，纤瘦的身材担负了生活中大部分的责任。

外婆出生于富农家庭，有个比她大两岁的姐姐，和比她小一岁的弟弟。外婆的爸爸妈妈非常重男轻女，在外婆读到小学的时候，他们就决定让外婆辍学，以便供弟弟更好地学习。

外婆12岁便在家承担起了养猪、种地的劳动。外婆20岁那年嫁给了一个资本家成分的后代，也就是我第一个外公。外公出生于资本家家庭，上过学，受过很好的教育，但由于出身不好，毕业后被分配到工厂做工人，每个月50元的工资，这在当时已经算是非常高的收入了。

外公吃住在工厂，生活中基本上没有什么太多的花费，但是，高收入的外公从未将工资给过外婆，也不曾照顾家中两个嗷嗷待哺的孩子。可怜的外婆只有把自己陪嫁时候的新衣服卖掉，换成粮食，自己穿的衣服早已经是补丁摞补丁。

有家有孩子的外公，不知是出于何种目的，不但不补贴家用，反倒把自己的钱拿去贴补其妹妹的家。这让年轻的外婆身心俱疲。

外婆的弟弟高中毕业，在家里的安排下与一位叫苗儿的姑娘结了婚。这位姑娘比外婆的弟弟大一岁，也就是和外婆同岁。苗儿结婚后生了两个孩子，但一直让外婆帮忙照顾，苗儿自己按指标进了工厂当工人。

当时，工人是很吃香的工作，本来外婆也有指标，能够进入工厂当工人，但是苗儿为了能让外婆留在家里帮她照顾孩子，遂在工厂的领导面前说外婆的坏话，以至于外婆最终被工厂拒绝，未能进入工厂上班。

外婆恨苗儿，但是只是心里生着闷气，她不敢当面指责苗儿，她害怕伤了和气，害怕父母的责备。最终，她选择了忍让。

她容忍了外公的不顾家，容忍了弟媳妇的刁难，但最终也没有换得他们的自责，换来的反而是变本加厉的压榨和欺负。

外婆在家乡过得非常拮据，后来遇到了我现在的外公，两人再婚，生了三个孩子。离开了以前的家，日子本该过得轻松点，不幸的是，再婚的10年后，外公患肝癌去世，生活的重担又重新落在了外婆的身上，外婆独自养着五个孩子，孩子所造成的经济负担倒不是生活中最艰巨的任务，周围左邻右舍的无故挑衅倒成了日子难熬的关键。今天拿点外婆家的菜，明天在单位里说说外婆的坏话，这些小事让外婆承受了无尽的痛苦。

善良的外婆最终仍然选择了忍让和容忍，只是，容忍并没有换来生活的平静，换来的却是更进一步的欺骗和折磨。

委曲求全的外婆，善良的外婆，在年老的时候不停地感慨："恨第一任外公，恨苗儿，恨那些邻居……"

但是，恨有什么用呢？如果你不说出自己的不满，别人永远不会知道他们的做法是错误的，也不会因此感到自责。

人应该有点脾气，过分的善良会让你丢失自己最后的尊严。

张平是个很刁蛮的媳妇，也是个很刁蛮的嫂子，更是个刁蛮的儿媳妇。张平在结婚后的十年中，一味地以嫂子的身份指责弟媳妇，弟媳妇家中的事情，张平总是要伸手干预。弟媳妇也是个软弱善良的人，为了避免和嫂子发生冲突，总是一味地忍让。

弟媳妇的忍让并没有换来张平的改变，反倒让张平变本加厉。张平开始欺负她的婆婆。婆婆有三个孩子，刚开始大家约定：轮流照顾婆婆。但是，轮到张平家的时候，张平每天只给年过80岁的老太太吃两顿饭，有时候甚至只吃一顿饭。

80岁的老太太害怕这个厉害的儿媳妇，所以选择了退让和容忍，但是，她的退让并没有让张平有所感悟，反倒是让她产生了错觉：认为自己是家里的领导核心，谁都该听自己的话。

生活中，我们会遇到很多伤害我们的人，也会遇到很多伤害我们的事情，有些事情我们可以一笑置之，但是有些事情，我们要奋起反抗。因为你的一味退让不但不会换得别人的悔改，反倒换来的是对方无休止的压榨和欺凌。

欺凌者之所以喜欢欺负比自己弱小的群体，原因很可能是他们曾经也胆小懦弱，经常被欺负，有过屈辱的经历，最终积压了很多不满情绪。当他们成长到足够强大的时候，会发现世上有比自己更懦弱、更好欺负的人，这时的他们就会本能地把这些积压已久的情绪施加在无辜的人身上。

生活中的人总说，要做个善良的人，但并不是要你做个"过分善良的人"。

当你面对别人不合理的请求时，你不知道该怎么拒绝，以至于从来都没有拒绝过。即使是你不愿意做的事，你也会答应。你的心里很纠结，因为你不想看到他们失望的脸庞，你顾及他们的感受比顾及自己的感受还要多。

圆圆就是这样一个不好意思拒绝别人的女孩。圆圆在寝室里，就是一个"佣人"，同宿舍的女孩不断地要求圆圆帮她们做事，比如打开水、带饭、抄笔记，等等。

圆圆碍于情面，总是会答应她们的请求。其实，圆圆有时候真的不愿意答应她们的请求。但"我不愿意做"这几个字圆圆怎么都说不出口，特别是面对好朋友的时候，更是难以拒绝。

圆圆不是不能拒绝，是不敢拒绝，是不好意思拒绝。

像圆圆这类的女孩，她们认为善良是一种美德，她们包容着周围的一切人和事。即使不情愿，也不敢拒绝。其实，你对别人无休止的容忍，是对自己的一种无形的伤害。

"善良是不是美德"？美国心理学家莱斯·巴巴内尔有新的理解：善良的人害怕敌意，用不拒绝来获得他人的认可。大部分友善的女性一辈子都会被痛苦、鼓励、空虚、罪恶感、羞耻感、愤怒和焦虑折磨。巴巴内尔给这种病态人格取名为"取悦病"。

小梅为了能够赢得好人缘和好口碑，在同事、家人、朋友面前总是表现出很友好的样子，尽心尽力地抚育两个孩子、照顾年迈的老母亲、帮助不太熟悉的同事、参加无关紧要的社区会议、空闲之余还当起了义工。亲友们有问题也都爱向她求助。

闺蜜每天给她打电话，诉说自己悲惨的人生，声称爱情走到了尽头，一说就是数个小时，时而痛哭流涕，时而义愤填膺。

表面上看，小梅是大家眼中最友善、最无私的人。但小梅私下却对朋友坦言，自己早已身心俱疲。有一次深夜接到闺蜜的电话，她表面上礼貌应对，还不断安慰对方，实际上心中早已不耐烦，嘴上说着宽慰的话，心里却想着："我真想让她闭嘴或滚开"。

其实，小梅的这种过分的善良，就是傻。一味地容忍对方，不好意思拒绝对方，换来的只能是对方无休止的骚扰。要想真正地摆脱这种无节制的欺压，你要做的就是：大声说出"不"，并且义正词严地拒绝对方，反驳对方，由弱者变成强者，让对方忌惮你的实力，从而不敢造次。

作为一个独立的个体，尊严不是别人能给你的，是要靠你自己去争取的，要想不再被别人欺负，就需要调整自己的自信状态和实力，让对方知道你根本不害怕他。一旦形成了这样的态势，对方自然不敢再一味地向你索取，日子才能过得舒心。